実践的技術者のための
電気電子系教科書シリーズ

高電圧パルスパワー工学

高木浩一
金澤誠司 編著

猪原哲
上野崇寿
川﨑敏之 共著
高橋克幸

理工図書

発刊に寄せて

　人類はこれまで狩猟時代，農耕時代を経て工業化社会，情報化社会を形成し，その時代時代で新たな考えを導き，それを具現化して社会を発展させてきました。中でも，18世紀中頃から19世紀初頭にかけての第1次産業革命と呼ばれる時代は，工業化社会の幕開けの時代でもあり，蒸気機関が発明され，それまでの人力や家畜の力，水力，風力に代わる動力源として，紡績産業や交通機関等に利用され，生産性・輸送力を飛躍的に高めました。第2次産業革命は，20世紀初頭に始まり，電力を活用して労働集約型の大量生産技術を発展させました。1970年代に始まった第3次産業革命では電子技術やコンピュータの導入により生産工程の自動化や情報通信産業を大きく発展させました。近年は，第4次産業革命時代とも呼ばれており，インターネットであらゆるモノを繋ぐIoT（Internet of Things）技術と人工知能（AI：Artificial Intelligence）の本格的な導入によって，生産・供給システムの自動化，効率化を飛躍的に高めようとしています。また，これらの技術やロボティクスの活用は，過去にどこの国も経験したことがない超少子高齢化社会を迎える日本の労働力不足を補うものとしても大きな期待が寄せられています。

　このように，工業の技術革新はめざましく，また，その速さも年々加速しています。それに伴い，教育機関にも，これまでにも増して実践的かつ創造性豊かな技術者を育成することが望まれています。また，これからの技術者は，単に深い専門的知識を持っているだけでなく，広い視野で俯瞰的に物事を見ることができ，新たな発想で新しいものを生みだしていく力も必要になってきています。そのような力は，受動的な学習経験では身に付けることは難しく，アクティブラーニング等を活用した学習を通して，自ら課題を発見し解決に向けて主体的に取り組むことで身につくものと考えます。

　本シリーズは，こうした時代の要請に対応できる電気電子系技術者育成のための教科書として企画しました。全23巻からなり，電気電子の基礎理論を

しっかり身に付け，それをベースに実社会で使われている技術に適用でき，また，新たな開発ができる人材育成に役立つような編成としています。

編集においては，基本事項を丁寧に説明し，読者にとって分かりやすい教科書とすること，実社会で使われている技術へ円滑に橋渡しできるよう最新の技術にも触れること，高等専門学校（高専）で実施しているモデルコアカリキュラムも考慮すること，アクティブラーニング等を意識し，例題，演習を多く取り入れ，読者が自学自習できるよう配慮すること，また，実験室で事象が確認できる例題，演習やものづくりができる例題，演習なども可能なら取り入れることを基本方針としています。

また，日本の産業の発展のためには，農林水産業と工業の連携も非常に重要になってきています。そのため，本シリーズには「工業技術者のための農学概論」も含めています。本シリーズは電気電子系の分野を学ぶ人を対象としていますが，この農学概論は，どの分野を目指す人であっても学べるように配慮しています。将来は，林業や水産業と工学の関わり，医療や福祉の分野と電気電子の関わりについてもシリーズに加えていければと考えています。

本シリーズが，高専，大学の学生，企業の若手技術者など，これからの時代を担う人に有益な教科書として，広くご活用いただければ幸いです。

2016 年 11 月　　　　　　　　　　　　　　　　　　　　編集委員会

実践的技術者のための電気・電子系教科書シリーズ
編集委員会

〔委員長〕柴田尚志　一関工業高等専門学校校長
　　　　　　　博士(工学)（東京工業大学）
　　　　1975年　茨城大学工学部電気工学科卒業
　　　　1975年　茨城工業高等専門学校（助手，講師，助教授，教授を経て）
　　　　2012年　一関工業高等専門学校校長　現在に至る
　　著書　電気基礎（コロナ社，共著），電磁気学(コロナ社，共著)，電気回路Ⅰ（コロナ社），身近な電気・節電の知識（オーム社，共著），例題と演習で学ぶ電磁気学（森北出版），エンジニアリングデザイン入門（理工図書，共著）

〔委員〕（五十音順）

　　青木宏之　東京工業高等専門学校教授
　　　　　　　（博士(工学)（東京工業大学）
　　　　1980年　山梨大学大学院工学研究科電気工学専攻修了
　　　　1980年　（株）東芝，日本語ワープロの設計・開発に従事
　　　　1991年　東京工業高等専門学校（講師，助教授を経て）
　　　　2001年　東京工業高等専門学校教授　現在に至る
　　著書　Complex-Valued Neural Networks Theories and Applications （World Scientific，共著）

　　高木浩一　岩手大学理工学部教授
　　　　　　　博士(工学)（熊本大学）
　　　　1988年　熊本大学大学院工学研究科博士前期課程修了
　　　　1989年　大分工業高等専門学校（助手，講師）
　　　　1996年　岩手大学助手，助教授，准教授，教授　現在に至る
　　著書　高電圧パルスパワー工学（オーム社，共著），大学一年生のための電気数学（森北出版，共著），放電プラズマ工学（オーム社，共著），できる！電気回路演習（森北出版，共著），電気回路教室（森北出版，共著），はじめてのエネルギー環境教育（エネルギーフォーラム，共著）など

　　高橋　徹　大分工業高等専門学校教授
　　　　　　　博士(工学)（九州工業大学）
　　　　1986年　九州工業大学大学院修士課程電子工学専攻修了
　　　　1986年　大分工業高等専門学校（助手，講師，助教授を経て）
　　　　2000年　大分工業高等専門学校教授　現在に至る
　　著書　大学一年生のための電気数学（森北出版，共著），できる！電気回路演習（森北出版，共著），電気回路教室（森北出版，共著），
　　編集　宇宙へつなぐ活動教材集（JAXA宇宙教育センター）

田中秀和　大同大学教授
　　　　　　博士(工学)（名古屋工業大学），技術士（情報工学部門）
　　　1973 年　名古屋工業大学工学部電子工学科卒業
　　　1973 年　川崎重工業（株）ほかに従事し，
　　　1991 年　豊田工業高等専門学校（助教授，教授）
　　　2004 年　大同大学教授（2016 年からは特任教授）
著書　QuickC トレーニングマニュアル（JICC 出版局），C 言語によるプログラム設計法（総合電子出版社），C++によるプログラム設計法（総合電子出版社），C 言語演習（啓学出版，共著），技術者倫理—法と倫理のガイドライン（丸善，共著），技術士の倫理（改訂新版）（日本技術士会，共著），実務に役立つ技術倫理（オーム社，共著），技術者倫理　日本の事例と考察（丸善出版，共著）

所　哲郎　岐阜工業高等専門学校教授
　　　　　　博士(工学)（豊橋技術科学大学）
　　　1982 年　豊橋技術科学大学大学院修士課程修了
　　　1982 年　岐阜工業高等専門学校（助手，講師，助教授を経て）
　　　2001 年　岐阜工業高等専門学校教授　現在に至る
著書　学生のための初めて学ぶ基礎材料学（日刊工業新聞社，共著）

　　　　　　　　　　　　　所属は 2016 年 11 月時点で記載

まえがき

「高電圧現象やパルスパワー工学を楽しく学び，工学的課題解決力を身につけてほしい」。本書はそんな気持ちから作られました。高電圧は，世界の電気エネルギーインフラを支える重要な技術です。たとえば，送電線は家庭で使っている 100 V ではなく，50 万ボルト（500kV）などの高電圧が使われています。身の回りにある電柱の電線でも 6.6 kV と，家庭の電圧の 66 倍の大きさで送っています。どうしてでしょう？電気回路やエネルギー変換系の科目で学んだように，電気を送るときのエネルギーロスを低くするためでしたね。電線でのエネルギーロス P は電線の抵抗 R に，そこを流れる電流 I の 2 乗をかけたもの（RI^2）でした。同じ電力（電圧×電流）を送るためには，電圧を 66 倍にすれば，電流は 1/66 倍です。エネルギーロスは，0.00023 倍になります。500kV で送れば，4×10^{-8} 倍です。高電圧技術があってはじめて電気を送ることができることが理解できるかと思います。ほかにもみなさんはスマートフォンも使っているかと思いますが，これはプラズマプロセスで作られます。プラズマを作るには高電圧やパルスパワー技術が欠かせません。

ではどうすれば高電圧やパルスパワーの考え方を身につけ，いろいろな課題に利用できるようになるでしょうか？ポイントは 3 つあります。一つ目は，これまでみなさんが電気で学んできたことをうまく高電圧やパルスパワーに使えるようになることです。たとえば，高電圧現象の理解には電気磁気学の知識が欠かせませんし，高電圧の発生には電気回路やエネルギー変換工学のスキルが必要になります。さらにパルスパワーの理解や発生には，電気回路の過渡現象や分布定数線路や電磁気学，エネルギー変換工学の知識が欠かせません。これまで学んだ電気工学のスキルを高電圧パルスパワーに活用できるようにすることは，初めにみなさんにやってもらいたいことになります。二つ目は，具体的な技術や現象を貫くモデルを把握して，利用できるようにすることです。モデルを構築または把握することで，多くの現象へ応用が可能になります。ここで

重要なのは数学的手法です．モデル化は基本的に数式の形であらわされます．現象・技術と数式の対応があやふやだと，他の現象や課題へ，対応するモデルを適切に選択して，解決へ至ることが難しくなります．数式で現象が表現できて，その数式から予測される結論を導き出せるようになること，これはぜひともみなさんに意識して学んでほしいことになります．三つ目は「体得」です．記憶は，単純に覚える「エピソード記憶」，意味を理解して覚える「意味記憶」，作業過程として覚える「プロセス記憶」の3つに分けられます．「体得」は3番目の「プロセス記憶」に相当します．文字通りからだで覚えることです．からだで覚え技化することで，いろいろな課題に高電圧パルスパワーのスキルを使うことができるようになります．そのためには，理解するだけでなく，いろいろな場面で活用して，自分の「型」を作りだすことが必要です．言葉を変えると，アクティブラーニングで型を身につけるになります．

　本書は従前の教科書に比べると，「多くの専門知識の習得」より「ストーリー」，「現象のモデル化」，「モデルの使い方」に力点が置かれています．これは，本書の目的が課題解決に必要な力を付けることにあり，その実現の鍵と考えている前述の3つのポイントの具現を目指しているためです．さらに，ポイントで例題を配し，章末には演習や実習の課題を入れています．ぜひ，アクティブラーニングに活用して，頭だけでなく五感で納得してスキルを高めてください．学問には奇策はありません．オーソドックスな方法で，地道に繰り返し練習して身体に染み込ませないと上達しません．まず本文中の例題でしっかり問題を解く「型」を身に付けて，章末の演習問題で「型」が身についたかを確認してください．導出過程は省略しないで書いてください．あとで見るときにわかりやすくなります．理工系は他人に見せる報告書（レポート）を作成する機会も多く，そのトレーニングにもなります．

　本書は全12章で構成されています．1回の講義で1章ずつ進められるようにしています．その章の学習でなにができるようになるかは，章のはじめに書いています．階段を上るように「技」を身に付けてください．でははじめましょう！

著者一同

目 次

1章　高電圧パルスパワーを学ぼう …………………………1

1.1　パルスパワーとは？ ……………………………………1
1.1.1　パルスパワーの考え方 ………………………………1
1.1.2　パルスパワーの作り方 ………………………………2
1.2　高電圧現象とその特徴 ……………………………………5
1.2.1　高電圧技術が使えないとどうなる？ …………………5
1.2.2　高電圧での荷電粒子の振る舞い ………………………6
1.2.3　電位と電界の空間分布の考え方 ………………………6
1.2.4　高電圧でエネルギーを運ぶ ……………………………9
1.3　高電圧パルスパワーの発生とその利用 …………………11
1.3.1　高電圧パルス発生の基本は過渡現象 …………………11
1.3.2　パルス伝送線路の分布定数回路での取り扱い ………13
1.3.3　高電圧パルスパワー工学の利用分野 …………………16
演習問題 …………………………………………………………17

2章　気体と荷電粒子の性質を学ぼう ……………………21

2.1　気体の性質 …………………………………………………21
2.1.1　気体の状態方程式 ………………………………………21
2.1.2　気体の熱エネルギー ……………………………………22
2.1.3　ボルツマン分布 …………………………………………23
2.1.4　マクスウェルの速度分布 ………………………………25
2.2　気体の衝突と反応速度 ……………………………………26

2.2.1　衝突断面積 ……………………………………………26
　2.2.2　平均自由行程 …………………………………………27
　2.2.3　反応速度 ………………………………………………28
　2.2.4　弾性衝突 ………………………………………………29
2.3　荷電粒子の基礎過程 …………………………………………31
　2.3.1　原子の構造と内部エネルギー ………………………31
　2.3.2　原子の励起と電離 ……………………………………34
　2.3.3　分子の励起と解離・電離 ……………………………38
　2.3.4　ドリフト ………………………………………………41
　2.3.5　拡散と粒子フラックス ………………………………43
　2.3.6　再結合と電子付着 ……………………………………46
演習問題 ………………………………………………………………49

3章　プラズマの生成と特徴 …………………………………53

3.1　気体からプラズマへの移行 …………………………………53
　3.1.1　絶縁破壊の意味 ………………………………………53
　3.1.2　初期電子の発生 ………………………………………54
　3.1.3　電極表面からの電子放出 ……………………………55
　3.1.4　衝突電離による電子増倍 ……………………………60
3.2　絶縁破壊理論 …………………………………………………61
　3.2.1　タウンゼントの絶縁破壊条件 ………………………61
　3.2.2　パッシェンの法則 ……………………………………64
　3.2.3　ストリーマ放電 ………………………………………66
　3.2.4　長ギャップ放電の進展過程 …………………………70
　3.2.5　火花遅れと v-t 特性 ……………………………………73
3.3　プラズマの性質 ………………………………………………75
　3.3.1　プラズマ温度と密度 …………………………………75

3.3.2　デバイ長……………………………………………………78
　　3.3.3　プラズマ振動………………………………………………79
　　3.3.4　プラズマのミクロな取り扱い……………………………80
　　3.3.5　プラズマのマクロな取り扱い……………………………83
　　3.3.6　熱平衡プラズマと非熱平衡プラズマ……………………84
　演習問題……………………………………………………………………85

4章　放電によりプラズマを発生させる ……………… 91

　4.1　低気圧気体中における放電………………………………………91
　　4.1.1　暗放電から発光するグロー放電へ，そしてアーク放電へ………91
　　4.1.2　電源の周波数をあげて高周波・マイクロ波放電を発生させる……93
　　4.1.3　放電に磁場を印加する……………………………………95
　4.2　高気圧気体中では放電はどうなるか……………………………96
　　4.2.1　コロナ放電という部分放電………………………………96
　　4.2.2　スパークを抑制するバリア放電…………………………97
　4.3　ちょっと特殊な放電も知っておこう……………………………103
　　4.3.1　水中での放電………………………………………………103
　　4.3.2　雷放電はすごい……………………………………………103
　演習問題……………………………………………………………………107

5章　プラズマを測る ……………………………………… 111

　5.1　プラズマ計測法の分類……………………………………………111
　5.2　プラズマからの発光を分析………………………………………111
　　5.2.1　写真法（デジカメ撮影から超高速度のカメラによる観測まで）…111
　　5.2.2　シャドウグラフ法，シュリーレン法による可視化技術………115
　　5.2.3　分光器で発光スペクトルを調べる………………………116

 5.3 プローブ診断 ……………………………………………………… 121
 5.4 レーザー計測 ……………………………………………………… 124
  5.4.1 レーザー吸収法 ………………………………………………… 124
  5.4.2 レーザー誘起蛍光法 …………………………………………… 126
 演習問題 ………………………………………………………………… 128

6章　産業を支えるプラズマ技術 ……………………………… 131

 6.1 プラズマの特徴とその利用の基本 ……………………………… 131
 6.2 コロナ放電が解決した公害問題 ………………………………… 132
  6.2.1 微粒子捕集 ……………………………………………………… 132
  6.2.2 誘電体バリア放電を利用したオゾン生成 …………………… 136
 6.3 電子デバイス産業を支えたグロー放電 ………………………… 140
  6.3.1 プラズマプロセス ……………………………………………… 140
  6.3.2 プラズマエッチング …………………………………………… 143
  6.3.3 プラズマ成膜 …………………………………………………… 145
 6.4 機械材料の表面処理に役立つグローおよびアーク放電 ……… 148
 6.5 地上の太陽（核融合）を目指して ……………………………… 150
  6.5.1 核融合反応 ……………………………………………………… 150
  6.5.2 プラズマを用いた核融合 ……………………………………… 152
  6.5.3 プラズマの磁気閉じ込め ……………………………………… 154
 演習問題 ………………………………………………………………… 155

7章　高電圧をつくるには ……………………………………… 159

 7.1 直流高電圧を発生させよう ……………………………………… 159
  7.1.1 基本となる整流回路；半波整流回路と全波整流回路 ……… 159
  7.1.2 多段整流回路；ビラード回路とデロン―グライナッヘル回路 ‥ 161

7.1.3　コッククロフト-ウォルトン回路 ……………………………… 163
　　7.1.4　ヴァンデグラフ起電機 …………………………………………… 164
　7.2　交流高電圧を発生させよう ……………………………………………… 165
　　7.2.1　変圧器 ………………………………………………………………… 165
　　7.2.2　直列共振法 ………………………………………………………… 166
　7.3　インパルス高電圧を発生させよう …………………………………… 166
　　7.3.1　RLC 直列回路（減衰振動、臨界制動、過制動） ………… 166
　　7.3.2　雷インパルスと開閉インパルス ……………………………… 168
　演習問題 ……………………………………………………………………………… 169
　コラム　パルスパワーの初段はマルクス発生器 …………………………… 172

8章　高電圧現象を極めよう …………………………………………… 173

　8.1　固体の絶縁破壊 …………………………………………………………… 173
　　8.1.1　誘電分極 …………………………………………………………… 173
　　8.1.2　固体誘電体中の電気伝導 ……………………………………… 174
　　8.1.3　固体の絶縁破壊理論 …………………………………………… 176
　　8.1.4　放電による絶縁破壊現象 ……………………………………… 178
　8.2　液体誘電体の絶縁破壊 …………………………………………………… 183
　　8.2.1　液体誘電体中の電気伝導 ……………………………………… 184
　　8.2.2　液体の絶縁破壊現象 …………………………………………… 184
　演習問題 ……………………………………………………………………………… 188

9章　パルスパワー発生の基礎 ……………………………………… 191

　9.1　パルスパワーを発生する流れ ………………………………………… 191
　9.2　エネルギーを貯める方法 ……………………………………………… 192
　　9.2.1　さまざまなエネルギー貯蔵システム ……………………… 192

- 9.2.2 容量性エネルギー貯蔵方式 ……………………………… 193
- 9.2.3 誘導性エネルギー蓄積方式 ……………………………… 194
- 9.2.4 運動エネルギーおよび化学エネルギー ………………… 195
- 9.3 パルスパワー発生回路の基本を知ろう ……………………… 197
  - 9.3.1 容量性エネルギー蓄積方式によるパルスパワー発生 … 197
  - 9.3.2 誘導性エネルギー蓄積方式によるパルスパワー発生 … 197
- 9.4 さまざまなパルスパワー発生回路 …………………………… 198
  - 9.4.1 容量移行回路 ……………………………………………… 198
  - 9.4.2 LC反転回路 ……………………………………………… 201
- 9.5 さまざまなスイッチ …………………………………………… 201
  - 9.5.1 クロージングスイッチ …………………………………… 201
  - 9.5.2 オープニングスイッチ …………………………………… 204
- 演習問題 ……………………………………………………………… 206

10章 パルスパワーをよりうまくつくる …………………… 209

- 10.1 パルス形成回路 ………………………………………………… 209
- 10.2 パルス形成線路 ………………………………………………… 211
  - 10.2.1 波動方程式とその解 …………………………………… 211
  - 10.2.2 波の反射と透過 ………………………………………… 213
- 10.3 パルスパワー発生の具体例 …………………………………… 214
  - 10.3.1 単一線路 ………………………………………………… 215
  - 10.3.2 ブルームライン線路 …………………………………… 217
- 10.4 パルスパワーをどのように負荷に伝えるか ………………… 218
- 10.5 インピーダンス変換 …………………………………………… 219
  - 10.5.1 パルストランスによるインピーダンス変換 ………… 219
  - 10.5.2 テーパー線路によるインピーダンス変換 …………… 220
- 10.6 パルスパワーをさらに圧縮するためには？ ………………… 221

10.6.1　パルストランスによる電圧増幅……………………………………221
　10.6.2　磁気スイッチによるパルス圧縮…………………………………221
　10.6.3　積重ね線路………………………………………………………223
　10.6.4　開放スイッチを用いたパルス圧縮………………………………223
　10.6.5　誘導電圧重畳………………………………………………………223
演習問題……………………………………………………………………………224

11章　高電圧パルスパワーを見るには……………………………227

11.1　標準球ギャップを使った電圧測定………………………………………227
　11.1.1　標準球ギャップ………………………………………………………227
　11.1.2　50％フラッシオーバ電圧……………………………………………228
　11.1.3　昇降法…………………………………………………………………228
11.2　電圧プローブによる電圧測定……………………………………………229
　11.2.1　静電電圧計……………………………………………………………229
　11.2.2　抵抗分圧器……………………………………………………………230
　11.2.3　容量分圧器……………………………………………………………230
11.3　電流プローブによる電流測定……………………………………………231
　11.3.1　変流器…………………………………………………………………231
　11.3.2　ロゴスキーコイル……………………………………………………232
　11.3.3　ピックアップコイル…………………………………………………233
　11.3.4　分流器…………………………………………………………………233
11.4　パルスパワー計測におけるノイズ対策…………………………………234
　11.4.1　ノーマルモードノイズとコモンモードノイズ……………………235
　11.4.2　トランス，アース，シールド………………………………………235
演習問題……………………………………………………………………………237

12章　パルス高電界の応用 …… 243

12.1　流体ポンプ …… 244
12.2　環境分野への応用 …… 245
　12.2.1　リサイクル …… 246
　12.2.2　水処理 …… 249
　12.2.3　殺菌 …… 251
12.3　医療分野への応用 …… 255
　12.3.1　がん治療 …… 256
　12.3.2　創傷治療 …… 258
12.4　農業・食品分野への応用 …… 260
　12.4.1　植物の発芽・生長制御 …… 262
　12.4.2　キノコ類の収穫改善 …… 264
　12.4.3　植物からの有用成分の抽出 …… 265
演習問題 …… 266

1章　高電圧パルスパワーを学ぼう

　この章の目標は，1）パルスパワーについて数値を基にした説明，2）高電圧現象とその特徴の説明，3）高電圧パルスパワー工学の基礎となる科目とのつながりの把握の3点ができるようになることである。パルスパワーとは，エネルギーの時空間圧縮で大電力・高エネルギー密度を実現することである。まずこのことについて実例をもとに学ぶ。さらに，高電圧現象として電磁エネルギーの取り扱いや絶縁物内部の電位・電界分布，荷電粒子の移動や電離について学ぶ。その後，高電圧パルスパワーの利用や基礎となる電磁気学や電気回路，エネルギー変換工学との関連について学ぶことで，高電圧パルスパワー工学の俯瞰力を身につけ学習の素地を築く。

1.1　パルスパワーとは？

1.1.1　パルスパワーの考え方

　考えてみよう。問題設定は「恋人候補と3つ星レストランで食事して，関係を先に進めたい。食事の費用は10万円。みなさんが自由に使えるお金は1日千円。さあどうする？」である。もちろん，「他の異性を探す」，「競馬・パチンコでお金を稼ぐ」などもあるが，一般的な答えは「100日間貯金する。お金が10万円貯まる。2時間の食事に誘う」となる。同様の考え方は，**電磁エネルギー**（electromagnetic energy）の変換にも使える。たとえば，「世界の瞬間発電量である10 TW（10×10^{12} W）を作りたい。みなさんが使えるのは100Wの蛍光灯シーリングライト用の電源である。さあどうする？」に対して同様の考え方を使うと，「1000秒間電気を貯める。エネルギーが100 kJ（= 100 [J/s] × 1000 [s]）貯まる。これを10 ns（10×10^{-9} s）の短時間に取りだすと，10 TW（= 100 kJ/10 ns）が得られる」となる。ちなみに，前述の「他の異性」や「お金を稼ぐ」は，「電力相応の利用を見つける」や「電源の改造

に相当する。このように，一定のエネルギーを短時間で使うことによって比較的大きな瞬間出力を得ることができる。これは昔から機械的エネルギーとして，ハンマーや弓矢などの形で利用されてきた。同じ原理に基づき，電磁エネルギーの時間幅を圧縮して得られたものを**パルスパワー**（pulsed power）という。電磁エネルギーは，ほかのエネルギー形態（機械エネルギーや化学エネルギーなど）に比べて，操作しやすい特徴を有する。パルスパワーでは，電磁エネルギーを蓄積し，さらにこれを一定の時間幅に圧縮することによって必要な出力パワーレベルで放出させる。

エネルギーは**電力**（electric power）と時間の積である。図1-1に示すように，同じエネルギー E でも時間幅 t が変われば電力（パワー）P も変化する。したがって，時間幅 t を十分短縮できれば応用対象に要求されるパワー P が得られる。一方，エネルギーを蓄えるときにパワーの制限がある。このため，一定の時間をかけて必要なエネルギーを蓄積しなければならない。たとえば，カメラのフラッシュランプを光らせるエネルギー源は小型の電池である。電池から取り出してコンデンサに蓄えたエネルギーを一瞬で使うことによって，電池の出力を何桁も上回るパワーを得る。

パルスパワー技術を利用することで，エネルギーを空間的に圧縮して，瞬時ではあるが超高エネルギー密度を発生することもできる。たとえば，100 W で 100 秒間エネルギーを貯めると 10 kJ となる。これを 1 m³ の容積の**キャパシタ**（capacitor）に蓄える。これを先に述べた時間的圧縮に加え，空間的にも圧縮して一辺 100 μm の立方体に注入すると，エネルギー密度は，10^4 J/m³ から 10^{16} J/m³ へと圧縮され，超高エネルギー密度状態が得られる。この圧縮されたエネルギー密度は，**核融合**（nuclear fusion）を起こしている太陽とほぼ同じとなる。

1.1.2 パルスパワーの作り方

パルスパワーを作りだすにはどうすればいいだろう？水を例に考える。図1-2に示すように，水を小型のポンプで池から汲み上げる。汲み上げた水をそ

1.1 パルスパワーとは？

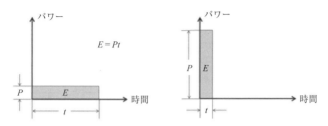

図1-1　パルスパワーの基本的考え方[2)]

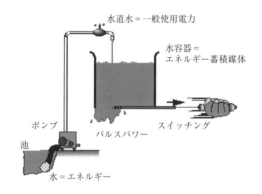

図1-2　パルスパワーの発生

のまま流しても，小型ポンプでは単位時間あたりに汲み上げることのできる水の量には制限があるので，大きなパワーとはならない。しかし，風呂桶（バスタブ）のような大きな水容器にいったん貯えて，たくさん貯まったところで底板を引き抜く。貯まった水は瞬時に落ちるため大きなパワーを得ることができ，石などを動かすことも可能となる。**高電圧パルスパワー**（high-voltage pulsed power）では，水は**電荷**（electric charge），水の流れは**電流**（current），ポンプは**高電圧電源**（high-voltage power supply），水容器はキャパシタ，底板は**スイッチ**（switch）に相当する。

　水容器から底板を引き抜いて水を一気に流す様子を対応する電気回路で表すと，図1-3のようになる。キャパシタ C に蓄えられた電荷 Q_0 は**短絡スイッチ**

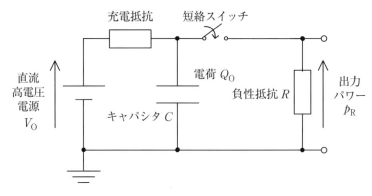

図 1-3　パルスパワーの発生回路

(closing switch) を介して, 負荷の抵抗 R へ流れる。スイッチを閉じてからの時刻 t において, 抵抗 R で消費される電力 p_R を求めると以下となる。

$$p_R = \frac{V_0^2}{R} \exp\left(-\frac{2t}{RC}\right) \tag{1.1}$$

ただし, V_0 はキャパシタの充電電圧 ($Q_0 = CV_0$) である。この式より, V_0 が大きいほど大きなパワーが得られ, また C が大きいほど, 長い時間パワーを持続できることがわかる。水に当てはめると, 高いところに水容器を置くほど大きなパワーが得られ, 水容器を大きくすることで長い時間パワーを持続できることに相当する。ここでもうひとつ大切なことは, スイッチを素早く動作させることである。スイッチ動作がゆっくりだと式 (1.1) とはならないし, 水容器の水も瞬時には落ちてこなくなる。各コンポーネントの役割は 9 章で詳しく学ぶ。

例題 1.1　図 1-3 より回路方程式を立てて, 式 (1.1) を求めよ。

解)　キャパシタの電荷を q とすると, 抵抗に流れる電流 i_R は $i_R = -dq/dt$ なので回路路方程式は, $R(dq/dt) + (1/C)q = 0$。初期条件 $t = 0$ で $q = CV_0$ を用いて一般解を求めると, $q = CV_0 \exp(-(t/RC))$。したがって, 電流 i_R は $i_R = (V_0/R)\exp(-(t/RC))$。$p_R = R \cdot i_R^2$ に代入すると, 式 (1.1) が得られる。

1.2 高電圧現象とその特徴

　高電圧の概念は電力輸送からきている。このため，一般的に家庭に届く100 Vに減圧される直前の6.6 kVより大きな電圧を高電圧と呼ぶ。しかし高電圧現象には，これより低い電圧で起こる荷電粒子の移動や衝突電離，絶縁破壊が含まれる。1気圧の空気の場合では，7.46 μmのギャップに327 Vの電圧が加わるときに火花放電が発生する。正確には，パッシェンの法則による最小火花電圧が高電圧に関係する諸現象が起きるもっとも低い電圧になる。本節では，高電圧現象とその特徴について学ぶ。

1.2.1　高電圧技術が使えないとどうなる？

　高電圧技術が使えないと，みなさんの生活がどう変わるかを考える。身の回りに，どれくらい電気を使っているものがあるか探してみる。見上げると照明がある。蛍光灯でもLED照明でも，電気で光を作っている。台所には冷蔵庫や炊飯器，電子レンジがある。電気で熱交換をしたり，熱を作ったりしている。風呂場の洗濯機や居間の掃除機は，電気でモーターを動かしている。電話などの通信機器は，電気で信号を送っている。電気は，容易に光や熱，運動などのエネルギーに変えられる。このため，生活には欠かせないものとなっている。この電気，家庭では100 Vで使われているが，家庭までは6.6 kVで送られている。これを柱上変圧器で100 Vか200 Vに落としたものが家庭へ入ってくる。このため同じ電力を送るのに，電流Iは1/66で済む。送電ロスP_{loss}は，電線の抵抗分をRとすると，

$$P_{\mathrm{loss}} = RI^2 \tag{1.2}$$

となる。このため，送電ロスは6.6 kVで送ることで，100 V送電の1/4356倍になる。発電所から変電所への送電は500 kVなどで，このときの送電ロスは$\dfrac{1}{2.5 \times 10^7}$倍となる。言いかえると，高電圧技術がなければ，電気は発電所から家庭へ届く前に電線で熱となって失われてしまう。われわれの電気を使った

暮らしは，高電圧技術によって支えられていることがわかる。

1.2.2 高電圧での荷電粒子の振る舞い

高電圧現象とはどのようなものを指すだろう？もちろん，高電圧技術を支える上で理解が必要な高電圧特有の現象で，高電圧に伴って発生する**高電界**（high electric field）で引き起こされる現象になる。気体中にある荷電粒子の運動を考える。電界 E [V/m]の中では，粒子の電荷量 q [C]に比例して力（クーロン力）f_q [N]を受ける。

$$f_q = qE \tag{1.3}$$

この力を受け，粒子は以下の運動方程式にしたがって加速される。

$$f_q = ma \tag{1.4}$$

ただし，m [kg]および a [m/s^2]は，それぞれ粒子の重さと加速度である。加速された粒子は他の粒子と衝突しながら移動するため，平均的な移動速度 v_{drift} は[m/s]は，

$$v_{\mathrm{drift}} = \mu E \tag{1.5}$$

と表される。ここで，比例定数 μ [m^2/Vs]は**移動度**（mobility），速度 v_{drift} は**ドリフト速度**（drift velocity）と呼ばれる。

電界が高くなると速度が上がり，粒子のエネルギーが増す。その結果，原子や分子の最外殻電子をはじき出す**電離**（ionization）が引き起こされる。電離が繰り返し起こると，荷電粒子の数はネズミ算式に増えて，電界中の気体の導電性は急激に増し，絶縁性は失われる。この現象を，**絶縁破壊**（breakdown）や**放電**（discharge）と呼ぶ。この結果，**プラズマ**（plasma）が生成される。これは高電圧現象の代表的なものとなる。この現象は，主に気体中で見られるが，液体中でも固体（絶縁物）中でも起こる。各相での絶縁破壊や放電開始条件を把握しておくことは，高電圧での絶縁設計においてもっとも重要である。

1.2.3 電位と電界の空間分布の考え方

絶縁破壊は，電界がある値を超えた時に起こり，その値は1気圧の空気で約

3 MV/m, 絶縁に用いられる SF₆ ガスで 8 MV/m, 液体では水で 20 MV/m, 絶縁オイルで 27 MV/m, 固体では含浸紙で 15 MV/m, 石英ガラスで 30 MV/m, テフロンで 60 MV/m, カプトンで 280 MV/m 程度である。このため, 高電圧現象では, 絶縁物中の電位および電界分布の把握は重要となる。電荷が連続的に分布する場の**電位**（electric potential）φ [V] を求める場合, 体積電荷密度 ρ [C/m³] を用いて**ポアソンの式**（Poisson's equation）で表し, これを解くことで求まる。

$$\mathrm{div}(\mathrm{grad}\varphi) = \nabla^2 \varphi = -\rho/\varepsilon_0 \tag{1.6}$$

ただし, ε_0 は真空の**誘電率**（permittivity）で 8.854×10^{-12} F/m である。直交座標系で, 位置座標を (x, y, z) とした場合は次のようになる。

$$\nabla^2 \varphi = \frac{\partial^2 \varphi}{\partial x^2} + \frac{\partial^2 \varphi}{\partial y^2} + \frac{\partial^2 \varphi}{\partial z^2} = -\frac{\rho}{\varepsilon_0} \tag{1.7}$$

また, 電荷が存在しない場合（$\rho = 0$）は右辺を 0 とした**ラプラスの式**（Laplace's equation）を解くことで求まる。

$$\nabla^2 \varphi = \frac{\partial^2 \varphi}{\partial x^2} + \frac{\partial^2 \varphi}{\partial y^2} + \frac{\partial^2 \varphi}{\partial z^2} = 0 \tag{1.8}$$

電界（ベクトル）$\mathbf{E}$ と電位 φ は勾配（傾き）で関係づけられる。

$$\mathbf{E} = -\mathrm{grad}\varphi = -\nabla \varphi \tag{1.9}$$

この式より電界ベクトルの向きは電位の勾配がもっとも急に下がる方を向いていて, 電界の大きさはその方向の傾き（$\partial \varphi / \partial r$）になっていることがわかる。電荷と電界は**ガウスの法則**（Gauss's law），

$$\mathrm{div}\mathbf{E} = \nabla \cdot \mathbf{E} = -\rho/\varepsilon_0 \tag{1.10}$$

で関係づけられる。それぞれ積分形は次のようになる。

$$\varphi = -\int_{r=r_1}^{r=r_2} \mathbf{E} \cdot d\mathbf{r} \tag{1.11}$$

$$\int_S \mathbf{E} \cdot \mathbf{n} dS = \frac{1}{\varepsilon_0} \int \rho dv = \frac{Q}{\varepsilon_0} \tag{1.12}$$

ここで r_1, r_2 はそれぞれ基準電位（$\varphi = 0$）と求める電位の位置, $\mathbf{r}$, $\mathbf{n}$ は単位方向および法線ベクトル, S は任意の閉曲面, v は閉曲面内の微小部分の体積,

Q は閉曲面内の総電荷量である。これらを用いて導かれる，代表的な電極配置である平行平板（面），球（点），同軸円筒（線）電極配置での電位と電界の空間分布を図1-4に示す。図中の式のように，同じ電圧 V を印加しても電極表面の電界が異なることがわかる。印加電圧 V が5 kV，電極間隔 d が1 cm の場合，平行平板電極の電界は5 kV/cm で空気の絶縁破壊電界の30 kV/cm より小さい。しかし半径 r_0 が1 mm の球電極では，平等電界5 kV/cm に係数 r_0/d の10が積算されるため，電極表面の電界は50 kV/cm と絶縁破壊電界に達する。なお，電極間の絶縁物が液体や固体の場合，材質の誘電率を考慮して，**電束密度**（electric flux density）ベクトル D [C/m^2]を用いて，以下の関係式より求められる。

$$\mathrm{div}\mathbf{D} = \nabla \cdot \mathbf{D} = -\rho \tag{1.13}$$

$$\mathbf{D} = \varepsilon \mathbf{E} \tag{1.14}$$

ここで ε は物質の誘電率である。真空の誘電率との比 ε_r（$=\varepsilon/\varepsilon_0$）は物質に固有で**比誘電率**（relative dielectric constant）と呼ばれており，水で約80，石英ガラスで約3.8となる。良く用いられる絶縁物の比誘電率を表1-1に示す。絶縁耐圧とともに，電界や蓄積可能なエネルギー密度を決める，重要な数値である。

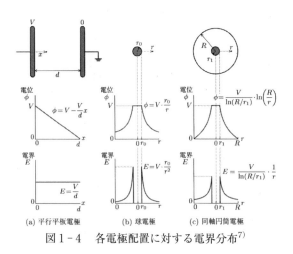

(a) 平行平板電極　(b) 球電極　(c) 同軸円筒電極

図1-4　各電極配置に対する電界分布[7]

表1-1　物質の絶縁耐力と比誘電率[6]

物質（誘導体）	絶縁耐力〔MV/m〕	比誘電率
空気	3	1
SF$_6$ガス	8（1気圧）	1
雲母	200	7
石英ガラス	30	3.8
セラミックス	12	7
ポリエチレン	150	2.3
カプトン	280	3.6
テフロン	60	2
パラフィン	10	2.3
含浸紙	15	6
エチレングリコール	20	39
シリコンオイル	14	2.8
絶縁オイル	27	2.2
水	20（数μ秒でのパルス充電時）	80

1.2.4　高電圧でエネルギーを運ぶ

高電圧現象の大切な性質として，**静電エネルギー**（electrostatic energy）がある。これは電界および電束（電荷）により生じるエネルギーであり，エネルギー密度 w_E [J/m^3] は以下の式となる。

$$w_E = \frac{1}{2} \mathbf{D} \cdot \mathbf{E} = \frac{\varepsilon}{2} E^2 = \frac{1}{2\varepsilon} D^2 \tag{1.15}$$

加えられる電界は絶縁耐圧で制限される。したがって，絶縁耐圧が高く，また誘電率が大きいほど，高いエネルギー密度を実現できることがわかる。また，図1-4(a)の平行平板電極で電極の面積を S [m^2]，電極間の距離を d [m] とすると，電極間の体積は Sd [m^3] となる。したがって，この間のエネルギー W_E [J] は，

$$W_E = w_E Sd = \frac{1}{2}(DS) \times (Ed) = \frac{1}{2} QV \tag{1.16}$$

のように，電極間の電位差 V と，電極に現れる電荷 Q [C] の積となる。

送電線を使って電荷を動かしてエネルギー（電力）を運ぶことを考える。電荷の移動は電流となり，磁場を発生する。電流密度（ベクトル）を $J\,[\mathrm{A/m^2}]$ とすると，発生する**磁界**（magnetic field）ベクトル $H\,[\mathrm{A/m}]$ は，**マクスウェルの方程式**（Maxwell's equation）を用い，

$$\mathrm{rot}\,H = \nabla \times H = J + \frac{\partial D}{\partial t} \tag{1.17}$$

となる。磁界と**磁束密度**（magnetics flux density）ベクトル $B\,[\mathrm{Wb/m^2}]$ は，**透磁率**（magnetics flux density）$\mu\,[\mathrm{H/m}]$ を用いて

$$B = \mu H \tag{1.18}$$

となる。このとき**磁気エネルギー**（magnetic energy）の密度 $w_\mathrm{H}\,[\mathrm{J/m^3}]$ は次式となる。

$$w_\mathrm{H} = \frac{1}{2} B \cdot H = \frac{\mu}{2} H^2 = \frac{1}{2\mu} B^2 \tag{1.19}$$

ここで，ある領域から移動するエネルギーを考える。これは静電エネルギーと磁気エネルギーの体積積分の和を時間微分することで求まる。電界に関するマクスウェルの方程式，

$$\mathrm{rot}\,E = \nabla \times E = -\frac{\partial B}{\partial t} \tag{1.20}$$

を用いて，$H \cdot (1.20) - E \cdot (1.17)$ およびベクトルの恒等式

$$\nabla \cdot (E \times H) = H \cdot (\nabla \times E) - E \cdot (\nabla \times H) \tag{1.21}$$

より，次の関係式が求まる。

$$\nabla \cdot (E \times H) = -H \cdot \frac{\partial B}{\partial t} - E \cdot J - E \cdot \frac{\partial D}{\partial t} \tag{1.22}$$

これを体積積分して，その式の左辺にガウスの発散定理を適用して整理すると，次のようになる。

$$-\frac{\partial}{\partial t} \int \frac{1}{2}(H \cdot B + E \cdot D)dv = \int (E \cdot J)dv + \int (E \times H)dS \tag{1.23}$$

左辺はある領域で失われるエネルギーであり，右辺の第一項は電力損（ジュー

ル損）を，第二項はある面から単位時間に出ていくエネルギー（W）を表している。したがって，

$$P = E \times H \tag{1.24}$$

で境界面を通り抜ける単位面積当たりの電力（W/m^2）になり，この **P** を**ポインティングベクトル**（poynting vector）と呼ぶ。

例題 1.2 内部導体の外径が r_1，外部導体の内径が R の同軸円筒伝送線路に，電圧 V，電流 I を流して送電する。導体に垂直な面でのポインティングベクトルを求めよ。また，その面を通り抜ける電力を求めよ。

解） 題意より，電界と磁界の強さは，中心軸からの距離を r としてそれぞれ，$E = \dfrac{V}{r \ln(R/r_1)}$, $H = \dfrac{I}{2\pi r}$ となる。電界と磁界の向きは垂直なので，

$$P = E \cdot H = \dfrac{V}{r \ln(R/r_1)} \cdot \dfrac{I}{2\pi r} = \dfrac{VI}{2\pi r^2 \ln(R/r_1)} \, [\text{W/m}^2]$$

。電力 W は P を面積分すればいいので，$W = \displaystyle\int_{r_1}^{R}\int_0^{2\pi} P dS = E \cdot H = \dfrac{VI}{2\pi \ln(R/r_1)} \int_{r_1}^{R}\int_0^{2\pi} \dfrac{1}{r^2} \cdot r d\theta dr = VI$

1.3　高電圧パルスパワーの発生とその利用

1.3.1　高電圧パルス発生の基本は過渡現象

高電圧パルスの発生は，基本的に，図 1-5 (a) に示すような RLC 回路の過渡現象として取り扱う。このため，高電圧パルス電源の設計や解析では，回路方程式を立てて，それを解くことが必須となる。ここでは回路方程式の立て方について説明する。

回路方程式を立てる際の基本法則は，**キルヒホッフの電流則**（KCL；Kirchhoff's current law），**キルヒホッフの電圧則**（KVL；Kirchhoff's voltage law），**オームの法則**（Ohm's law）の 3 つになる。KCL の定義は「任意の回

路，任意の**節点**（node）において，節点に流れ込む**枝電流**（branch current）の総和は零（0）になる」で，KVLの定義は「任意の回路，任意の**閉路**（loop）において，閉路に沿った**起電力**（electromotive force）および**電圧降下**（voltage drop）の総和は零（0）になる」である．式では，それぞれ次のようになる[8]．

$$キルヒホッフの電流則（KCL）：\sum i_b = 0 \quad (1.25)$$

$$キルヒホッフの電圧則（KVL）：\sum v_b = 0 \quad (1.26)$$

ここで，i_b，v_bは，それぞれ枝電流と**枝電圧**（branch voltage）である．また，枝電流と枝電圧の関係を規定するのがオームの法則で，比例定数を抵抗Rとして，次のように示される．

$$オーム則：v_b = R \cdot i_b \quad (1.27)$$

また，キャパシタCと，インダクタLについて，枝電圧と枝電流の関係を示すと次のようになる．

$$キャパシタ C：v_C = \frac{1}{C}\int i_C dt, \quad i_C = C \cdot \frac{dv_C}{dt} \quad (1.28)$$

$$インダクタ L：v_L = L \cdot \frac{di_L}{dt}, \quad i_L = \frac{1}{L}\int v_L dt \quad (1.29)$$

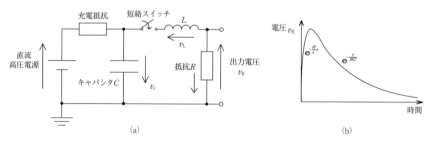

図1-5　RLC回路の出力例

これらの関係式を用い，図1-5において短絡スイッチONとなった時の回路方程式を立てる。KVLより，

$$v_C + v_R + v_L = 0 \tag{1.30}$$

ただし，添え字は枝電圧の素子を示す。上式に，枝電圧と枝電流の関係式を代入すると，以下となる。

$$\frac{1}{C}\int i\,dt + R\cdot i + L\cdot\frac{di}{dt} = 0 \tag{1.31}$$

両辺を時間 t で微分すると，次のような二階微分方程式となる。

$$i'' + \frac{R}{L}i' + \frac{1}{LC}i = 0 \tag{1.32}$$

ただし，$i''=d^2i/dt^2$，$i'=di/dt$。この方程式の解法については9章で学ぶが，例として，$\left(\frac{R}{L}\right)^2 - \frac{4}{LC} >> 0$ における近似解を図1-5(b)に示す。出力電圧は，回路のインダクタンスが小さいほど立ち上がり時間が短く，またエネルギー蓄積用のキャパシタの容量が大きいほど長時間維持されることがわかる。この電圧の維持時間の指標は、expの指数が-1となる時間である時定数 τ で表され、この場合 $\tau = RC$ となる。

1.3.2 パルス伝送線路の分布定数回路での取り扱い

RLC回路の方程式の解は，基本的に，指数関数もしくは三角関数となる。したがって，出力も指数関数と三角関数で示される波形となる。このため，任意のパルス幅の方形波の高電圧パルスを得るには，図1-6に示す**伝送線路**（transmission line）を利用して，パルス成形を行う。ここでは，伝送線路での高電圧パルスの発生について概説する。

伝送線路は，図1-6のように，一対の線路で構成される。このため図1-7に示すように，一対の線路はキャパシタとして働き，またそれぞれの線路には逆向きの電流が流れるため，インダクタとしても働く。前者は電圧を，後者は電流を伝える慣性としての性質を有しており，微小な長さ Δx に対して回路方

程式を立てると以下となる。

$$\text{KVL}; \quad L\Delta x \frac{\partial i(x,t)}{\partial t} = v(x,t) - v(x+\Delta x,t) = -\frac{\partial v(x,t)}{\partial x}\Delta x \quad (1.33)$$

$$\text{KCL}; \quad C\Delta x \frac{\partial v(x,t)}{\partial t} = i(x,t) - i(x+\Delta x,t) = -\frac{\partial i(x,t)}{\partial x}\Delta x \quad (1.34)$$

これらは，それぞれ次のように簡略化できる。

$$L\frac{\partial i(x,t)}{\partial t} = -\frac{\partial v(x,t)}{\partial x}, \quad C\frac{\partial v(x,t)}{\partial t} = -\frac{\partial i(x,t)}{\partial x}$$

これらの式を，たとえば電圧 v についてまとめると，次の**波動（電信）方程式**（wave equation；telegraphic equation）が得られる。

$$\frac{\partial^2 v(x,t)}{\partial x^2} - LC\frac{\partial^2 v(x,t)}{\partial t^2} = 0 \quad (1.35)$$

これは二階偏微分方程式なので，2つの解が存在し，次のように示される。

$$v(x,t) = v_\text{f}(x - s_\text{p}t) + v_\text{b}(x + s_\text{p}t) \quad (1.36)$$

ここで，s_pは電圧の**位相速度**（phase velocity）を示す。この解は，

$$\frac{\partial^2 v(x,t)}{\partial x^2} - \frac{1}{s_\text{p}^2}\frac{\partial^2 v(x,t)}{\partial t^2} = 0 \quad (1.37)$$

の関係となっており，これと式（1.35）を比較することで，電圧は線路を位相速度$s_\text{p} = 1/\sqrt{LC}$の速度で，前進方向（v_f）および後退方向（v_b）へ，進行することがわかる。真空中におかれた図1-6(a)に示す平行平板型伝送線路の場合，単位長さあたりの L および C は，それぞれ$\mu_0 d/b$，$\varepsilon_0 b/d$なので，これを代入

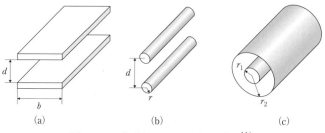

図1-6　典型的なパルス伝送線路[11]

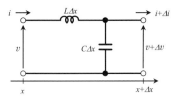

図1-7　分布定数線路の微小区間の等価回路

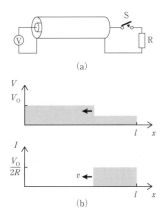

図1-8　(a)パルス伝送線路の電圧を抵抗負荷へ出力する回路，およびその(b)出力過程[11]

すると，$s_p=1/\sqrt{\mu_0\varepsilon_0}$ で，すなわち光の速度（3×10^8 m/s）となることがわかる。伝送線路の長さを l とすれば，この伝送線路で作られるパルス幅 τ は，以下のようになる。

$$\tau = l/s_p = l\sqrt{LC} \tag{1.38}$$

この電圧は，伝送線路の出力端に伝送線路のインピーダンスと近い値の負荷を置くことで，図1-8に示すように，取り出せる。これらを積み重ねると，より大きなパワーを得ることもできる。また，キャパシタとインダクタで図1-7に示す回路を構成し，多段に接続することもできる。この場合，伝送線路に比べて C や L を大きく取れるため，パルス幅を長くすることができる。詳しくは，10章で学ぶ。

1.3.3 高電圧パルスパワー工学の利用分野

　高電圧パルスパワー工学の応用は，パルスパワー生成で得られる電磁エネルギーで超高密度状態を作りだし，核融合や材料開発へ利用する，またプラズマを発生させて，その化学的活性種を環境分野の応用へ利用する，レーザやX線発生など光源として利用する，電磁力で粒子や飛翔体を加速させる，強電界を直接利用して殺菌や細胞融合などのバイオ，食品，医療，農業などへ活用するなど，さまざまな利用形態がある。その一例を表1-2に示す。応用に適したエネルギー形態に，どのように変換していくか，またそれに適したパルスパワー発生法をいかに開発していくかが重要となる。これらは，10章で学ぶ。加えて，応用に適した状態のパルスパワーとするためには，パルスパワーの正確な計測も大切となる。パルスパワーは，時間的・空間的な変化が早く，またパワーも巨大なため，特殊な計測手法も必要となる。これらについては，11章で学ぶ。

表1-2　パルスパワーの応用とエネルギー変換[12]

	一次エネルギー変換	二次エネルギー変換	応用分野
パルスパワー	高エネルギー密度プラズマ（ガスパラZピンチ，レーザ生成，ライナ圧縮，細線ピンチ，キャピラリーピンチ）	X線	軟X線リソグラフィー，軟X線顕微鏡，X線レーザ，物質処理，光源，医用
		中性子	中性子ラジオグラフィー，炉材料テスト，結晶構造解析，医用
		核融合	核融合発電
		超強磁界	物性研究
	電子ビーム	マイクロ・ミリ波（バーカトール，ジャイラトロン，後進波発振器，相対論的マグネトロン）	加速器，プラズマ加熱，レーザ，レーダ，マイクロ波送電，大気電離，殺菌
		放電	レーザ，大気環境浄化
		自由電子レーザ，X線	
	イオンビーム（磁界絶縁型，電子ピンチ型電子反射3種管型）	プラズマ	核融合発電，材料開発
			表面改質，インプランテーション
	電磁加速（レールガン，コイルガン，エレクトロサーマルガン）	プラズマ	衝突核融合発電，核融合燃料補給
		超高圧	材料開発，物性研究
			ロケット発射，宇宙塵衝突シミュレーション
	放電	励起，化学反応	レーザ，大気環境浄化
	超強電磁界		電磁成形加工，鉱物分離
			絶縁試験装置

演習問題

(1) 問図1-1に示す回路で、インダクタ L に電流 I_0 を流している。$t = 0$ で開放スイッチSを開いたとき、負荷抵抗 R で消費される電力 p_R を求めよ。

(2) 問図1-2に示す回路はともに100Vの電源と100Ωの負荷があり、図(a)はこの間を線抵抗5Ωの2つの導線を用いて接続し、図(b)は同じ導線を用いながらも電源と導線、導線と負荷との間に巻数比1:10と10:1の2つの理想変成器を挿入した。それぞれの回路において、負荷にかかる電圧 V_L と伝送効率（電源から送った電力に対して負荷に供給された電力の割合）を求めなさい。

(3) 図1-4(a)に示す平行平板電極での電位 φ と電界 E をラプラスの方程式を用いて求めよ。ただし、空間電荷は0とし、境界条件は、$x = 0$ のとき $\varphi = V$、$x = d$ のとき $\varphi = 0$ とする。

(4) 図1-4(b)、(c)に示す電極配置における電位 φ と電界 E を、ガウスの法則を用いて求めよ。

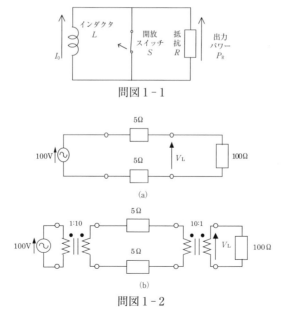

問図1-1

問図1-2

(5) 表1-1の数値を用い,ポリエチレン,水,空気を誘電体としたキャパシタの単位体積当たりの最大貯蔵エネルギー密度を求めよ。

(6) 図1-6(b),(c)の伝送線路の位相速度を求めよ。

(実習;*Let's active learning!*)

図1-3に示す回路を,キャパシタCを$470\,\mu\text{F}$,抵抗Rを$100\,\Omega$として作成し,$5\,\text{V}$で充電した後に短絡スイッチを動作させ,このときの抵抗両端の電圧変化を,オシロスコープで観察しましょう。また,例題1.1で求めた電圧と,観測結果を比べてみましょう。

演習解答

(1) $p_\text{R} = RI_0^2 \exp\left(-\dfrac{2Rt}{L}\right)$ となる。式より,I_0が大きいほど高い電力が得られ,Lが大きいほど長い時間パワーが取り出せることがわかる。

(2) 図(a)の回路に流れる電流Iおよび負荷の電圧V_Lは

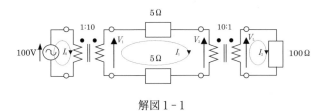

解図1-1

$$I = \dfrac{100}{100+5+5} = 0.909\,[\text{A}], \quad V_\text{L} = 100 \times 0.909 = 90.9\,[\text{V}]$$

電源から供給された電力P_Sおよび負荷に供給された電力P_Lは

$$P_\text{S} = 100 \times I = 100 \times 0.909 = 90.9\,[\text{W}],$$
$$P_\text{L} = V_\text{L} \times I = 90.9 \times 0.909 = 82.6\,[\text{W}]$$

したがって,伝送効率ηは

$$\eta = \dfrac{P_\text{L}}{P_\text{S}} = \dfrac{82.6}{90.9} = 0.909 \quad \text{したがって,} 90.9\%$$

図(b)の回路では,変成器の電圧比およびインピーダンスZの電圧比(巻き数比n)による変換より,解図1-1のように,

$V_1 = 10 \times 100 = 1000 [\text{V}]$,

$Z \equiv V_2/I_1 = n^2 \times 100 = 10^2 \times 100 = 10 [\text{k}\Omega]$

したがって，電流 I_1 は，$I_1 = \dfrac{V_1}{Z+5+5} = \dfrac{1000}{10\text{k}+10} = 0.0999 [\text{A}]$

これより，$I_0 = 10 \times 0.0999 = 0.999 [\text{A}]$，$I_2 = 10 \times 0.0999 = 0.999 [\text{A}]$，

$V_2 = 1000 - 10 \times 0.0999 = 999 [\text{V}]$，$V_\text{L} = \dfrac{999}{10} = 99.9 [\text{V}]$

電源から供給された電力 P_S および負荷に供給された電力 P_L は

$P_\text{S} = 100 \times I_0 = 100 \times 0.999 = 99.9 [\text{W}]$,

$P_\text{L} = V_\text{L} \times I_2 = 99.9 \times 0.999 = 99.8 [\text{W}]$

したがって，伝送効率 η は　　$\eta = \dfrac{P_\text{L}}{P_\text{S}} = \dfrac{99.8}{99.9} = 0.999$　　ゆえに，99.9%

(3) 一次元のラプラスの方程式 $\nabla^2\varphi = \partial^2\varphi/\partial x^2 = 0$ について，両辺を2回積分すると $\varphi = ax+b$ (a, b:積分定数) となる。境界条件より，$b = V$，$a = -V/d$。ゆえに，$\varphi = V - (V/d)x$。$E = -(\partial\varphi/\partial x) = V/d$ となる。

(4) 図(b)で球電極の電荷を Q とすると，ガウスの法則 $\int_S \mathbf{E} \bullet \mathbf{n} dS = 4\pi r^2 E = Q/\varepsilon_0$ より，$E = \dfrac{Q}{4\pi\varepsilon_0 r^2}$。これより，$\varphi = -\int_{r=r_1}^{r=r_2} \mathbf{E} \bullet d\mathbf{r} = -\int_\infty^r \dfrac{Q}{4\pi\varepsilon_0 r^2} dr = \dfrac{Q}{4\pi\varepsilon_0 r}$。$r = r_0$ で $\varphi = V$ より，$V = \dfrac{Q}{4\pi\varepsilon_0 r_0}$ なので，$Q = 4\pi\varepsilon_0 r_0 V$。これを代入し，それぞれ，$E = V(r_0/r^2)$，$\varphi = V(r_0/r)$。

図(c)で同様に内部円筒電極に単位長さあたり λ の電荷を与えて同様に計算すると，電界は $E = \dfrac{\lambda}{2\pi\varepsilon_0 r}$ となる。電位は，外部導体を基準電位として，

$\varphi = -\int_R^r \dfrac{\lambda}{2\pi\varepsilon_0 r} dr = \dfrac{\lambda}{2\pi\varepsilon_0} \ln(R/r)$。$r = r_1$ で $\varphi = V$ より，$V = \dfrac{\lambda}{2\pi\varepsilon_0} \ln(R/r_1)$ なので $\lambda = V \dfrac{2\pi\varepsilon_0}{\ln(R/r_1)}$。したがって，$E = \dfrac{V}{\ln(R/r_1)} \cdot \dfrac{1}{r}$，

$\varphi = \dfrac{V}{\ln(R/r_1)} \cdot \ln\left(\dfrac{R}{r}\right)$。

(5) ポリエチレン，水，空気の絶縁耐力は 150×10^6，20×10^6，3×10^6 V/m。

誘電率は 2.04×10^{-11}, 7.08×10^{-10}, 8.85×10^{-12} F/m。 $w_E=(\varepsilon/2)E^2$ に代入し，それぞれ 2.3×10^5, 1.4×10^5, 39.8 J/m³。

(6) 図1-6(b)の単位長さあたりの L および C は，それぞれ，$L \cong (\mu_0/\pi)\log(d/r)$, $C=\pi\varepsilon_0/\log(d/r)$ となる。したがって，$s_p=1/\sqrt{LC}=1/\sqrt{\left(\dfrac{\mu_0}{\pi}\log\dfrac{d}{r}\right)\times\left(\pi\varepsilon_0/\log\dfrac{d}{r}\right)}=1/\sqrt{\mu_0\varepsilon_0}$。

図1-6(c)の単位長さあたりの L および C は，それぞれ，$L\cong(\mu_0/2\pi)\log(R/r_1)$, $C=2\pi\varepsilon_0/\log(R/r_1)$ となる。したがって，$s_p=1/\sqrt{LC}=1/\sqrt{\left(\dfrac{\mu_0}{2\pi}\log\dfrac{R}{r_1}\right)\times\left(2\pi\varepsilon_0/\log\dfrac{R}{r_1}\right)}=1/\sqrt{\mu_0\varepsilon_0}$。図1-6(a)～(c)の位相速度はいずれも光速（3×10^8 m/s）となることがわかる。

引用・参考文献

1) 秋山秀典編著：高電圧パルスパワー工学，オーム社，2003.
2) 八井浄，江偉華：パルス電磁エネルギー工学，電気学会，2002.
3) 高木浩一，他：プラズマ核融合学会誌，87, 202, 2011.
4) 江偉華：プラズマ核融合学会誌，87, 46, 2011.
5) 小崎正光編著：高電圧・絶縁工学，オーム社，1997.
6) 原雅則・秋山秀典：高電圧パルスパワー工学，森北出版，1991.
7) 日高邦彦：高電圧工学，数理工学社，2009.
8) 高木浩一，猪原哲，佐藤秀則，高橋徹，向川政治：大学一年生のための電気数学，森北出版，2006.
9) 高木浩一，高橋克幸，上野崇寿，秋山雅裕，佐久川貴志：プラズマ核融合学会誌，87巻，3号，pp.202-215, 2011.
10) 吉岡芳夫，作道訓之：過渡現象の基礎，森北出版，2004.
11) 江偉華：プラズマ核融合学会誌，87巻，1号，pp.46-50, 2011.
12) 秋山秀典：プラズマ核融合学会誌，69巻，3号，pp.192-196, 1993.
13) 静電気学会編：新版静電気ハンドブック，オーム社，2006.

2章　気体と荷電粒子の性質を学ぼう

　一般に，気体は電気を通さない絶縁性の媒体である。これに2枚の金属板を入れ金属板間の電圧を次第に大きくしていくと，ある値に達したときに突然電流が流れ出し，金属板の間は明るく光るプラズマで結ばれる。このように気体の絶縁が破れることを絶縁破壊（または放電）という。本章では，気体の性質や高電界中での荷電粒子の振る舞いについて学ぶ。

2.1　気体の性質

2.1.1　気体の状態方程式

　ある体積の気体には，何個くらいの分子が含まれているのだろうか？また温度や気圧が変化すると，気体密度はどう変わるのだろうか？ここでは気体密度と気圧と温度の関係について学習する。

　分子間に働く引力がない理想気体（ideal gas）の場合，圧力 p [N/m^2]，1mol 当たりの気体の体積 V_m [m^3/mol]，絶対温度 T [K]の間には次の式が成り立つ。

$$pV_m = RT \tag{2.1}$$

ここで，R は**気体定数**（gas constant）という。気体の種類，圧力，体積，温度に関係なく一定で，8.31 J/(mol·K) である。アボガドロの法則（Avogadro's law）から，同温，同圧，同体積の気体には，気体の種類には関係なく同数の分子が含まれる。気体の体積 V [m^3]は気体の物質量 n_m [mol]に比例して，1 mol 当たりの気体の体積 V_m の n_m 倍なので，式（2.1）は次のようになる。

$$pV = n_m RT \tag{2.2}$$

これを**理想気体の状態方程式**（ideal gas law）という。

　1mol の物質量を持つ気体の体積は 0℃，1 気圧において 22.4 l であり，**ア**

ボガドロ数（Avogadro's number），

$$N_0 = 6.02 \times 10^{23} [\text{mol}^{-1}] \tag{2.3}$$

の分子が含まれる．式（2.3）を用いると式（2.2）は，

$$p = n_\mathrm{m} \frac{N_0}{V} \frac{R}{N_0} T \tag{2.4}$$

となる．ここで R/N_0 を k として，

$$k = \frac{R}{N_0} = 1.38 \times 10^{-23} \ [\text{J/K}] \tag{2.5}$$

となる．これが**ボルツマン定数**（Boltzmann constant）である．また，$n_\mathrm{m} N_0$ は物質量 n_m [mol] の気体が含む分子数を表すので，

$$n = \frac{n_\mathrm{m} N_0}{V} \ [\text{m}^{-3}] \tag{2.6}$$

とすると，n は気体の分子数密度を表せる．これにより式（2.4）は，

$$p = nkT \tag{2.7}$$

と表せる．この式は気体の状態方程式を分子数密度で表しており，かつ気体放電現象を考える上で使いやすい形になっている．

2.1.2 気体の熱エネルギー

気体の温度が上がると，気体分子の熱運動が活発になる．ここでは，気体分子の熱運動のエネルギーについて学習する．

一般に図2-1に示すように，気体の分子は互いに激しく衝突しながらさまざまな速度，方向で空間を無秩序に飛び回っている．この気体分子が飛び回る平均速度は熱により定まる．ここで x 方向の分子の平均速度を $\overline{v_x}$ として，x 方向に $\overline{v_x}$ の長さの箱を考える．この箱にある気体分子は，x 方向に $\overline{v_x}$ の速度で移動するため y-z 平面に衝突する．気体の分子密度は n なので，箱の中の気体分子数は，y-z 平面の面積を1とすると，$n\overline{v_x}$ [個] となる．このうち約半数，$n\overline{v_x}/2$ [個] が $x = 0$ の壁に衝突する．弾性衝突を仮定すると，この衝突により速度 $\overline{v_x}$ は $-\overline{v_x}$ となるため，運動量の変化は，気体分子の質量を m として

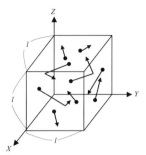

図2-1 気体分子の熱運動[1]

$-2m\overline{v_x}$ となる。したがって y-z 平面に働く単位面積あたりの圧力は,

$$p = 2m\overline{v_x} \times \frac{n\overline{v_x}}{2} = mn\overline{v_x}^2 \tag{2.8}$$

となる。ここで, x, y, z 成分を考えると, 気体の平均速度 $\overline{v}$ は, $\overline{v^2} = \overline{v_x^2} + \overline{v_y^2} + \overline{v_z^2}$ となる。ただし, $\overline{v_y}$ および $\overline{v_z}$ は, それぞれ y, z 方向の平均速度である。気体分子は自由運動するので x, y, z 方向の平均速度に差はなく(等方性),

$$\overline{v_x^2} = \overline{v_y^2} = \overline{v_z^2} = \frac{1}{3}\overline{v^2} \tag{2.9}$$

となる。したがって, 式 (2.8) は,

$$p = \frac{1}{3} mn\overline{v^2} \tag{2.10}$$

となる。気体の**熱エネルギー** (thermal energy) は, 式 (2.7), 式 (2.10) より以下となる。

$$\frac{1}{3} mn\overline{v^2} = nkT \quad \Rightarrow \quad \frac{1}{2} m\overline{v^2} = \frac{3}{2} kT \quad [\text{J}] \tag{2.11}$$

2.1.3 ボルツマン分布

前節では気体の平均エネルギーを求めた。気体中には多くの分子が存在して, 異なる速度, 異なる方向に運動している。それぞれの分子のエネルギーはどのようになっているだろう？ 速い分子と遅い分子の数の関係はどのようになっているだろうか？ ここでは気体分子のエネルギー分布について学習する。

図2-2に示すように, 面積 A の四角形の箱が大気中に置かれている。箱の底からの高さ x と $x+dx$ における圧力の釣り合いを考える。図に示すように,

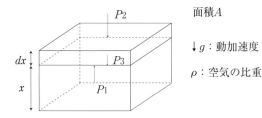

図2-2　圧力の釣り合い

圧力は釣り合うため以下の式が成り立つ．

$$AP(x) - AP(x+dx) - \rho g A dx = 0 \tag{2.12}$$

ただし，ρ および g はそれぞれ，比重[kg/m³]および重力加速度[= 9.8 m/s²]である．またテーラー展開を用いた近似より，

$$P(x+dx) = P(x) + \frac{\partial P}{\partial x} dx \tag{2.13}$$

となる．式 (2.12) と式 (2.13) より，

$$P(x) - P(x) - \frac{\partial P}{\partial x} dx - \rho g dx = 0 \quad \Rightarrow \quad \frac{\partial P}{\partial x} + \rho g = 0 \tag{2.14}$$

となる．ここで，$p = nkT$，$\rho = nm$ なので，以下のように変形できる．

$$kT \frac{\partial n}{\partial x} = -nmg \quad \Rightarrow \quad \frac{1}{n} \partial n = -\frac{mg}{kT} \partial x \tag{2.15}$$

両辺を積分して，$x = 0$ における気体密度を n_0 として（初期条件），微分方程式を解くと，以下のように，気体密度の分布関数が求まる．

$$n(x) = n_0 \exp\left(-\frac{mgx}{kT}\right) \tag{2.16}$$

となる．ここで位置エネルギーは mgx なので，これを U [J] と一般化すると，以下のように気体密度の分布関数が求まる．これを**ボルツマン分布**（Boltzmann distribution）という．

$$n(U) = n_0 \exp\left(-\frac{U}{kT}\right) \tag{2.17}$$

これは以下のように変形できる。

$$\ln \frac{n(U)}{n_0} n(U) = -\frac{1}{kT} U \tag{2.18}$$

すなわち横軸にエネルギーをとり，縦軸に分子密度を対数で表すと，負の傾き（$-1/kT$）の直線となり，この傾きは温度によって決まる。

2.1.4 マクスウェルの速度分布

ここまで，気体分子の平均速度と温度の関係を求めた。また，温度の各エネルギーを有する気体分子密度の関係について学んだ。ここでは，それらを用いて，気体分子の速度の分布について学ぶ。

気体分子の平均速度は，運動エネルギーと熱エネルギーが等しくなると，

$$\sqrt{\overline{v^2}} = \sqrt{\frac{3kT}{m}} \tag{2.19}$$

のように，温度の関数として求まる。これは平均で，さまざまな速度を持って熱運動をしている状態を表していない。この状態を表すのには，前節のボルツマン分布を，速度空間に拡張した速度分布関数を用いる。

N 個の分子のうち，速度が v と $v+dv$ との間にある分子数を dN とすれば，dN は dv に正比例する。比例定数を F とすると，F は v の関数なので $F(v)$ として，

$$dN/N = F(v)dv \tag{2.20}$$

となる。この $F(v)$ は，

$$F(v) = 4\pi \left(\frac{m}{2\pi kT}\right)^{\frac{3}{2}} v^2 \exp\left(-\frac{(1/2)mv^2}{kT}\right) \tag{2.21}$$

と表される。これを**マクスウェルの速度分布**（Maxwellian velocity distribution）と呼ぶ。図 2-3 に質量の小さな水素分子（分子数 2）と，質量の大きな窒素分子（分子数 28）の，-187℃（液体空気の沸点）と 0℃ の場合における気体分子の速度分布を示す。分布関数は質量と温度によって変わり，温度が高くなるほど，また質量が小さくなるほど，速度が速い分子の割合が増す。

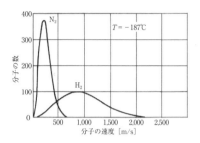

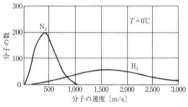

(縦軸は分子の総数を10^7個とし,速度幅dvを1 [cm/s] としたときの分子の数を表わす)

図2-3　水素および窒素分子の速度分布[2)]

2.2 気体の衝突と反応速度

2.2.1 衝突断面積

　気体中では先に述べたように分子が飛び回っており,分子同士の衝突が起こる.また電子が存在すると電子との衝突も起こる.ここでは,粒子同士の衝突の取り扱いについて学ぶ.

　図2-4のように,簡単化のために静止している球Q(標的粒子)に球P(入射粒子)が近づくとする.球Pと球Qの半径を,それぞれr_1, r_2とすると,球Pと球Qの中心間の距離の球Pの進行方向と垂直な方向の距離成分がr_1+r_2以下であれば衝突する.これはr_1+r_2の半径をもつ球と,無限に小さい半径をもつ球,すなわち点とが衝突する場合も同じである.これより,衝突とは球Pの重心の点が球Qの断面積$\pi(r_1+r_2)^2$の中に飛び込むことを示すことがわかる.この,

2.2 気体の衝突と反応速度

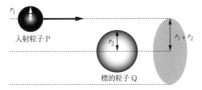

図 2-4 衝突断面積の概念図[3]

$$\sigma = \pi(r_1 + r_2)^2 \tag{2.22}$$

を両粒子間の**衝突断面積**（collision cross-section）という。

衝突断面積は，分子同士の場合は，式（2.22）のように一定である。しかし，電子やイオンのような荷電粒子と気体分子の衝突の場合，粒子の持つ運動エネルギーによって大きさが変わる。荷電粒子の運動エネルギーが小さくなると，荷電粒子の速度が遅くなるにしたがって，衝突断面積は大きくなる。これは荷電粒子により気体分子が分極し，荷電粒子と分子の間に静電気力が発生するためである。荷電粒子の速度が遅くなると，小さな力でも荷電粒子が反発され，衝突したのと同じように散乱されやすくなるため衝突断面積が増加する。理論的には荷電粒子の衝突断面積を σ_e とすると，

$$\sigma_e(v) \propto 1/v \tag{2.23}$$

となる。また，荷電粒子同士の衝突では，クーロン力が働くため，式（2.22）で表すことができなくなる。この場合，粒子の軌道が変わる領域の面積を衝突断面積 σ として用いる。

2.2.2 平均自由行程

入射粒子 P が標的粒子 Q に衝突せずに移動できる距離はどれくらいだろう？図 2-5 のモデルで考えてみる。入射粒子 P の密度を n，速度を v とする。標的粒子 Q の密度を N として，粒子 P が x から $x + dx$ まで，dx だけ進むときに衝突する粒子数を考える。今，断面積を 1（単位面積）とすると，dx に含まれる標的粒子 Q は，領域の体積が $1 \times dx$ で，これに密度 N をかけた Ndx だけ存在する。衝突断面積を σ とすると，入射粒子 P が x から $x + dx$ ま

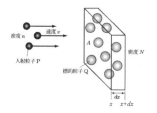

図 2-5　衝突のモデル

で進むときに衝突する確率は $\sigma N dx$ となる．したがって，衝突して減少する粒子 P の個数は，その確率と密度 n を用いて，以下となる．

$$dn = -nN\sigma dx \tag{2.24}$$

$x = 0$ のときの粒子 P の密度を n_0 とすると，以下のように求められる．

$$n = n_0 e^{-\sigma N x} \tag{2.25}$$

粒子 P が衝突せずに進む数が $1/e$ まで減少するまでに進む距離 λ を求めると，$\sigma N \lambda = 1$ より，

$$\lambda = \frac{1}{\sigma N} = \frac{kT}{\sigma P} \tag{2.26}$$

となる．ただし，T は温度，P は気圧，k はボルツマン定数を示す．粒子が衝突する間に走る距離を自由行程といい，速度分布と同様に長い自由行程と短い自由行程が分布している．その平均は式（2.26）で示され，これを**平均自由行程**（mean free path）という．式（2.26）の右辺は N を気体の状態方程式で温度 T と気圧 P に書きかえたもので，温度 T が上がるほど，気圧 P が下がるほど，平均自由行程が増えることがわかる．

単位時間あたりの衝突回数 ν は，**衝突周波数**（collision frequency）といわれ，粒子 P の速度 v で平均自由行程を除すことで求まる．

$$\nu = \frac{v}{\lambda} = \sigma N v \tag{2.27}$$

2.2.3　反応速度

異なる粒子が衝突する場合，粒子の反応性によっては化学反応が起こることがある．ここでは化学反応の速度を考える．化学反応式を以下の式とする．

$$A+B \to C \tag{2.28}$$

このときの衝突断面積を σ_{AB} とする。今,粒子 A は静止していて,粒子 B が平均速度 v で動いている。このときの衝突周波数は,

$$\nu = \frac{v}{\lambda} = \sigma_{AB} n_A v \tag{2.29}$$

となる。ただし n_A は,粒子 A の密度である。粒子 B の密度を n_B とすると,粒子 A と B の衝突回数,すなわち**反応速度**(reaction rate)R は,

$$R = n_B \nu = n_A n_B \sigma_{AB} v = n_A n_B k_{AB} \tag{2.30}$$

となる。ここで,k_{AB} を**反応速度定数**(rate constant)という。反応速度定数を用いることで,式(2.28)に示す化学反応の速度は,下記のような微分方程式で示される。

$$\frac{d[C]}{dt} = k_{AB}[A][B] \tag{2.31}$$

ただし,$[A]$,$[B]$,$[C]$は,それぞれ化学種 A,B,C の密度を示す。これらを各反応について連立させて解くことで,各化学種の密度の時間変化が求められる。

2.2.4 弾性衝突

粒子は熱運動などで移動して他の粒子と衝突する。粒子の有するエネルギーは,励起や電離などの**内部エネルギー**(internal energy)と**運動エネルギー**(kinetic energy)にわけられる。衝突の前後でそれぞれの粒子の内部エネルギーが変化するものを**非弾性衝突**(inelastic collision),変化しないものを**弾性衝突**(elastic collision)という。ここでは,弾性衝突における粒子間のエネルギー授受について考える。

図2-6のように,質量 m_1 の粒子1が速度 v_1 で,静止している($v_2 = 0$)質量 m_2 の粒子2に衝突する場合を考える。正面衝突を仮定して,衝突後のそれぞれの粒子の速度を v'_1,v'_2 とすると,2つの保存則より以下が成り立つ。

$$\text{運動量保存則}: m_1 v_1 = m_1 v'_1 + m_2 v'_2 \tag{2.32}$$

エネルギー保存則：$\frac{1}{2}m_1v_1^2 = \frac{1}{2}m_1v'^2_1 + \frac{1}{2}m_2v'^2_2$ (2.33)

上式を衝突後の速度 v'_1, v'_2 を未知数として，v'_2 について解くと，

$$v'_2 = \frac{2m_1}{m_1+m_2}v_1 \tag{2.34}$$

となる。この衝突により粒子1が失うエネルギー $\Delta\varepsilon$ は，粒子2が得る運動エネルギー $(1/2)m_2v'^2_2$ に等しいので，

$$\Delta\varepsilon = \frac{4m_1m_2}{(m_1+m_2)^2} \cdot \frac{1}{2}m_1v_1^2 \tag{2.35}$$

となる。これは正面衝突といった特殊なケースを想定している。粒子1が粒子2に角度 θ で入射して衝突する場合，式 (2.34) の右辺に $\cos\theta$ をかけた形となる。すべての角度について平均すると $1/2$ となる。したがって，式 (2.35) の粒子1の衝突前の運動エネルギーにかかっている**エネルギー損失係数** (energy loss function) κ は以下となる。

$$\kappa = \frac{2m_1m_2}{(m_1+m_2)^2} \tag{2.36}$$

たとえば2つの粒子の質量が等しい場合，κ は 0.5 となり，衝突後2つの粒子は同じ速度で動くことがわかる。また粒子1は電子，粒子2は分子または原子とすると，$m_1 \ll m_2$ より，

$$\kappa = 2m_1/m_2 \tag{2.37}$$

となる。水素（H_2）を粒子2とすると κ は 1/1836 となり，電子の運動エネルギーは 2,000 回程度の衝突でようやく受け渡される。

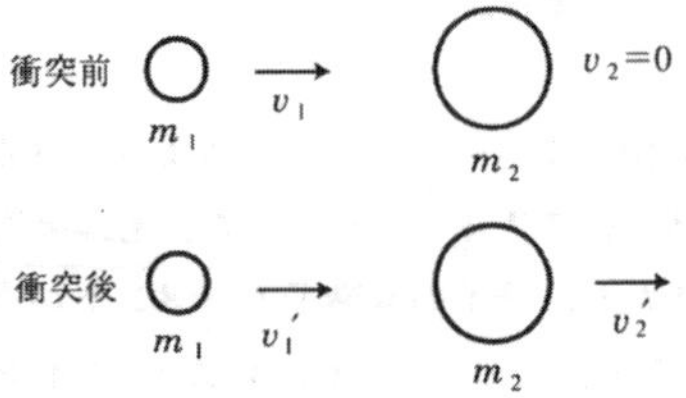

図 2-6 弾性衝突

2.3 荷電粒子の基礎過程

2.3.1 原子の構造と内部エネルギー

気体は単体または複数の**原子**（atom）や**分子**（molecule）で構成される。分子もまた複数種もしくは単一種の，複数の原子で構成される。このため，内部エネルギーは原子の構造と密接に関係する。ここでは，原子の構造と内部エネルギーの関係について考える。

原子の構造は，**原子核**（atomic nucleus）と呼ばれる粒子と，その周りを回転する**核外電子**（extranuclear electron）からなる。**原子番号**（atomic number）がZの場合，原子核はZe（ただし，eは電気素量；1.6×10^{-19} C）の電荷を有し，核外電子の数はZ個となる。電子の電荷は$-e$なので，原子全体の電荷量は原子核と核外電子の電荷が打ち消しあい，電気的に中性となる。原子でもっとも構造が簡単なのは水素Hで，原子番号Zは1，原子核は電荷量eの**陽子**（proton）1個からなり，核外電子も1個となる。この様子を図2-7に示す。このときボーア（N. Bohr）の法則は以下のように表される。

① 核外電子の軌道を半径r_nの円周として一定速度uで運行するとき，原子核との間に働くクーロン力と遠心力が釣り合う軌道，

$$\frac{e^2}{4\pi\varepsilon_0 r_n^2} = \frac{mu^2}{r_n} \tag{2.38}$$

を運行し続ける。ただし，mは電子の質量（9.11×10^{-31} kg）。

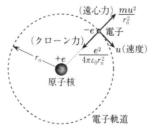

図2-7 水素原子の構造モデル[5]

② 電子の運動量 p の軌道1周の積分値は，プランク定数 h （6.626×10^{-34} Js）の n 倍，

$$\oint p dl = mu \cdot 2\pi r_n = nh \tag{2.39}$$

となる（ボーアの量子条件）。ただし，n は**主量子数**（principal quantum number）と呼ばれる正の整数（$n = 1, 2, 3, \cdots$）である。

式（2.38）（2.39）より，核外電子の軌道半径 r_n は以下のようになる。

$$r_n = n^2 \frac{h^2 \varepsilon_0}{\pi m e^2} = n^2 a_0 \tag{2.40}$$

ここで a_0 は**ボーア半径**（Bohr radius）と呼ばれ，$n == 1$ すなわち水素原子の電子軌道の半径，$a_0 = h^2 \varepsilon_0 / \pi m e^2 = 0.53 \times 10^{-10}$ m である。

水素原子の内部エネルギーについて，主量子数 n の安定軌道にある電子の全エネルギー E_n を考える。エネルギー E_n は，運動エネルギーと位置エネルギーの和および式（2.38），式（2.40）より，以下となる。

$$\begin{aligned} E_n &= \frac{1}{2} mu^2 - e \cdot \frac{e}{4\pi\varepsilon_0 r_n} = \frac{e^2}{8\pi\varepsilon_0 r_n} - \frac{e^2}{4\pi\varepsilon_0 r_n} \\ &= -\frac{e^2}{8\pi\varepsilon_0 r_n} = -\frac{e^2}{8\pi\varepsilon_0 a_0} \frac{1}{n^2} = -\frac{me^4}{8\varepsilon_0^2 h^2} \frac{1}{n^2} = -V_i \frac{1}{n^2} \end{aligned} \tag{2.41}$$

ここで V_i（$me^4 / 8\varepsilon_0^2 h^2 = 2.18 \times 10^{-18}$ J）は，原子がもっとも内側の電子（$n = 1$）を無限に遠ざけて**自由電子**（free electron）とするのに必要なエネルギーで，**電離エネルギー**（ionization energy）もしくは**電離電圧**（ionization potential）という。電離電圧は，eV（1eV $= 1.6 \times 10^{-19}$J）で表記することが多い。式（2.41）は，電子の軌道に対応したエネルギーとなることを示しており，これは**エネルギー準位**（energy level）と呼ばれる。そして $n = 1$ のエネルギーがもっとも低い状態を**基底状態**（ground state），それ以外（$n > 1$）を**励起状態**（excited state）と呼び，基底状態から励起状態へ遷移するのに必要なエネルギーを**励起エネルギー**（excitation energy）もしくは**励起電圧**（excitation potential）という。この様子を，図2-8に示す。この円軌道モデルは，

水素やヘリウムのように，主量子数が1については成り立つ。しかし，核外電子の軌道がK殻のみでなく，L殻（$n = 2$），M殻（$n = 3$），N殻（$n = 4$）にも存在する場合，電子の軌道は楕円軌道となるため，主量子数のみでの取り扱いは困難となる。この場合，主量子数 n 以外に，**方位量子数** l（azimuthal quantum number），**スピン量子数** j（spin quantum number），**磁気量子数** m（magnetic quantum number）の3つの量子数を用いる。なお，主量子数 n とそれぞれの量子数の取りうる値との関係は以下となる。

・方位量子数 l：$0, 1, 2, \cdots, n-1$ という n 個の値
・スピン量子数 j：$l \pm 1/2$ の2つ。ただし $l = 0$ に限り $1/2$ が可能
・磁気量子数 m：1つの j に対して，$\pm j$，$\pm j+1$，$\cdots$，$\pm 1/2$ といった $2j+1$ 個の値

たとえば $n = 3$ の場合，$l = 0, 1, 2$ の3つがある。$l = 0$ の場合，$j = 1/2$ で $m = \pm 1/2$ の2通りがある。$l = 1$ の場合，$j = 1/2$ で $m = \pm 1/2$ の2通り，$j = 3/2$ で $m = -3/2, -1/2, 1/2, 3/2$ の4通りの，合計6通りがある。$l = 2$ の場合，$j = 3/2$ で $m = -3/2, -1/2, 1/2, -3/2$ の4通り，$j = 5/2$ で $m = -5/2, -3/2, -1/2, 1/2, 3/2, 5/2$ の6通りの，合計10通りがある。以上より，18通りが電子の取りうる状態となる。$l = 0, 1, 2$ に対して s, p, d といった記号を用い，3s軌道に2通り，3p軌道に6通り，3d軌道に10通りの状態が存在する。ここで3は主量子数 n を表す。

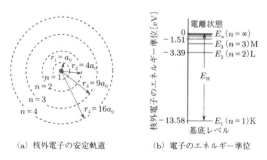

(a) 核外電子の安定軌道　　(b) 電子のエネルギー準位

図 2-8　水素原子の電子軌道とエネルギー準位[5]

2.3.2 原子の励起と電離

原子または分子内の基底状態にある電子が外部からのエネルギーを受け取り，高いエネルギー準位（励起状態）に移ることを**励起**（excitation）という。また基底状態にある核外電子が原子核の束縛を離れて，最外殻の電子軌道よりさらに外側に飛び出し，原子は正イオンとなり電子は自由電子となることを**電離**（ionization）という。励起や電離では，原子や分子は内部エネルギーが高い状態へと遷移する。このため，電子の衝突や光，または熱などの形でエネルギーを与える必要がある。

たとえば，ネオンは原子番号10なので，基底状態では10個の電子が主量子数 $n = 2$ までの3つの殻（1s, 2s, 2p）をすべて満たしている（$1s^2 2s^2 2p^6$）。この状態を基準（エネルギーが0）として，それよりエネルギーの高い状態（励起状態）のエネルギー準位を図2-9に示す。図のように，$n = 3$ の3s軌道には4つの，また3p軌道には6つの励起状態が存在する。さらに上位の軌道3d，4s，4pと増やしていくと，図2-8同様にもっとも高い準位21.55 eV（電離電圧）へと至る。すなわち，ネオンに衝突する電子のエネルギー ε が，電離電圧を超えるときに電離が起こり，ネオンはイオンと電子にわかれる。

電離　　$e + Ne \rightarrow Ne^+ + e + e$　（$\varepsilon \geq 21.55$ eV）　　　　　（2.42）

またもっともエネルギー準位が低い励起準位は16.54 eVである。すなわち，衝突する電子のエネルギーが16.54 eVより小さいときは衝突しても励起（非弾性衝突）は起こらず，原子核に並進エネルギーを与えるだけの弾性衝突となる。しかし，16.54 eVより大きいときは，最外殻電子の6個のうちの1つが3s軌道に移り，励起状態（Ne^*）となる。

励起　　$e + Ne \rightarrow Ne^* + e$　（$\varepsilon \geq 16.54$ eV）　　　　　（2.43）

励起準位はひとつだけではなく複数存在する。一般に，励起準位に電子が留まっていられる時間は通常 10^{-8} 秒程度と短く，エネルギー差に相当する波長の光を放出して，基底準位へと戻る**脱励起**（deexcitation）が起こる。上記では，16.54 eVに相当するエネルギーの波長である74.3 nm（$hc/\lambda = 16.54$ eV；c は光速）の光を発して基底準位へ戻る。この光は紫外線で可視光ではないが，

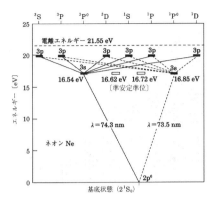

図2-9 ネオン原子のエネルギー準位[6]

3p軌道から3s軌道に落ちる時のエネルギー差は小さく，700 nm付近の赤色の光を発する。ネオンサインの鮮やかな赤色は，この遷移に伴う発光である。

発光を伴う準位の遷移には量子数に選択則があり，遷移が許される許容遷移と，そうでない禁制遷移にわけられる。後者の上位準位は，下位準位への発光を伴う遷移が禁止されるため，励起準位にもかかわらず10^{-3}秒もの時間，安定に存在する。この準位を**準安定準位**（metastable level）といい，この準位に電子が留まっている状態を**準安定状態**（metastable state）という。準安定準位への励起は，光の吸収では不可能だが，電子衝突では可能となる。この反応は，

$$\text{準安定への励起}\quad e+Ne\rightarrow Ne_m^*+e \quad (\varepsilon\geq 16.62\,\text{eV}) \tag{2.44}$$

と表される。ただし，Ne_m^*は準安定ネオン原子を示す。

励起や電離を引き起こす確率（衝突断面積）は一様ではなく，一般に，衝突電子のエネルギーの関数となる。一例として，アルゴンの弾性衝突，励起および電離断面積を，電子エネルギーの関数として，図2-10に示す。衝突電子のエネルギーが励起電圧より小さい場合，弾性衝突となる。電子エネルギーが0.2 eV付近で，弾性衝突の断面積が著しく小さいのは，電子波の波長がアルゴン原子の直径に近付き，**ラムザウア効果**（Ramsauer effect）が起こることによる。衝突電子のエネルギーが励起電圧を超えると励起断面積が増し，電離電圧を超えると電離断面積が増え，反応に占める非弾性衝突の割合が増す。

電離を起こすためのエネルギーを原子が受け取る方法には,電子の衝突や光,熱などがあり,それぞれ**衝突電離**(impact ionization),**光電離**(photo-ionization),**熱電離**(thermal ionization)といい,電離電圧をV_iとすると,以下のように表される。

衝突電離　$e + X \to X^+ + 2e$

　　　　　($\varepsilon_e \geq eV_i$; e_e:衝突電子エネルギー)　　　　　(2.45)

光電離　　$X + h\nu \to X^+ + e$

　　　　　($h\nu \cong eV_i$; n:光の振動数)　　　　　(2.46)

熱電離　　$X + X \to X^+ + X + e$

　　　　　($\frac{3}{2}kT \geq eV_i$; T:中性原子の温度)　　　　　(2.47)

光電離が生じるのは,実際には光子が電離エネルギーとほぼ同じエネルギーを持っている場合である。これ以外のエネルギーでは光散乱を受けるのみで,ほとんど通過してしまい,エネルギーの授受は行われない。したがって光電離に必要な波長は,電離電圧V_i[eV]を用いて,

　　　$\lambda = 1240/V_i$ [nm]　　　　　(2.48)

となる(演習問題参照)。炎の中などのように高温,高気圧のガス中では式(2.47)で示されるように,気体分子が大変速い速度で飛行するため,中性分子同士の衝突で電離することが可能になる。これが熱電離である。これは可逆反応であるため,**熱平衡**(thermal equilibrium)の状態が成り立つ。このとき

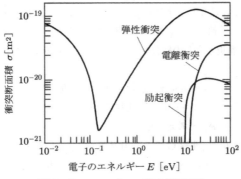

図2-10　アルゴンの衝突断面積[6]

の**電離度**（ionization degree）x は

$$\frac{x^2}{1-x^2}p = 3.16 \times 10^{-7} T^{5/2} \exp\left(-\frac{eV_i}{kT}\right) \quad (2.49)$$

なる**サハの電離式**（Saha ionization equation）を用いた理論式で与えられる。ここで p は圧力[atm]，T は温度[K]，V_i は電離電圧[V]である。このほか，ある粒子の準安定準位のエネルギーが，他の粒子の電離電圧よりも高い場合，下記の反応でも電離が起こる。これは，**ペニング効果**（Penning effect）と呼ばれ，産業などで広く利用されている。

ペニング電離　$X + Y_m^* \rightarrow X^+ + Y + e$

$(V_m \geq V_i ; V_m：準安定原子のエネルギー) \quad (2.50)$

電離や励起に必要なエネルギーは，ガスの種類によっても変わる。代表的な気体について，表2-1に示す。また，電子衝突による電離や励起の確率（衝

表2-1　主な気体の励起および電離エネルギー[4]

種類		励起エネルギー [eV]	準安定励起エネルギー [eV]	電離エネルギー [eV]
稀ガス	He	19.8, 20.6	19.8, 20.6	24.6
	Ne	16.5	16.6	21.6
	Ar	11.6	11.5	15.8
	Kr	9.98	9.8	14.0
	Xe	8.4	8.3	12.1
通常の気体	H	10.2		13.6
	H_2	11.5	11.5	15.4
	N	10.3	2.38, 3.58	14.5
	N_2	6.17	6.17, 7.32	15.6
	O	9.5	1.96, 4.19	13.5
	O_2	1.64	0.98	12.2
	H_2O	7.6		12.6
	CO	6.04		14.0
	CO_2	10.0		13.7
	NO	5.38		9.25
	NO_2			11.0
合成気体	SF_6	9.8		15.8
金属蒸気	Li	1.85		5.39
	Na	2.1		5.14
	K	1.61		4.34
	Cs	1.38		3.89
	Cu	3.78	1.38	7.7
	Al	3.14		5.98
	Hg	4.89	4.66	10.4

突断面積）も，気体の種類によって異なる値を取る。この様子を希ガスについて図2-11に示す。一般に，原子番号が大きく最外殻電子の軌道が大きくなるほど，電離断面積は大きくなる。

2.3.3 分子の励起と解離・電離

プラズマプロセスなど大半のケースでは，単原子分子である希ガスのほかに，いくつかの原子が結合してできた気体分子が用いられる。2原子分子としてはH_2（水素）やO_2（酸素），N_2（窒素）などがあり，3原子分子はCO_2（二酸化炭素），5原子分子はCH_4（メタン），SiH_4（シラン；モノシラン），CF_4（フロン；四フッ化炭素）などがあり，工業的にも使用される。分子も原子の場合様に，電子衝突や光照射などで基底状態から励起状態へと遷移する励起や，核外電子を放出する電離が起こる。ただし，複数の原子が化学結合をした構造となっているため状況は複雑となる。たとえば，2原子が化学結合している分子では，図2-12に示すように，結合の方向へ振動や，対称軸の周りを回転することができる。このため分子は内部エネルギー準位として，電子励起準位に加え，振動励起準位，回転励起準位をもつ。これらのエネルギーは，それぞれ，約10eV，0.5eV，0.01~0.001eVである。特に，回転励起準位は数十℃程度であるため，並進エネルギー（ガス温度）と等しくなることが多い。これらの値

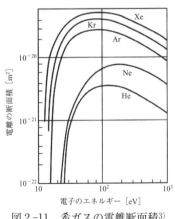

図2-11　希ガスの電離断面積[3]

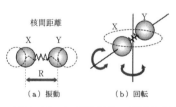

図2-12　2原子分子の振動と回転[3]

はいずれも量子化されており，とびとびの値をとる。

X, Y を原子として，分子 XY と電子 e との非弾性衝突過程がある。

(1) 励起 $e+XY \to XY^*+e$ （$\varepsilon_e \geq eV_{exc}$; V_{exc}：励起電圧） (2.51)
(2) 解離 $e+XY \to X+Y+e$ （$\varepsilon_e \geq eV_D$; V_D：解離電圧） (2.52)
(3) 直接電離 $e+XY \to XY^++2e$ （$\varepsilon_e \geq eV_i$; V_i：電離電圧） (2.53)
(4) 解離電離 $e+XY \to X^++Y+2e$ (2.54)
(5) 電子付着 $e+XY \to XY^-$ (2.55)
(6) 解離電子付着 $e+XY \to X+Y^-$ (2.56)

一方，電子とイオンの再結合（$e+XY^+ \to XY$, $X+Y$）が起きる場合，余ったエネルギーを光として放射したり（放射再結合），第三体の粒子に与える（三体再結合）。また，原子の励起は電子励起だけなので，上準位の励起粒子が下準位に落ちるときに出す光は，単一波長の**線スペクトル**（line spectrum）となる。これに対して分子の場合は，ある電子状態に対して多くの振動準位があり，さらにそれぞれの振動準位に対して多くの回転準位がある。このため電子状態間の遷移に伴う分子スペクトルは，数多くのスペクトルが重なり合った**帯スペクトル**（band spectrum）になる。

2 原子分子のエネルギー状態は，原子核間の距離 R を関数として，図 2-13 のようなポテンシャル曲線で表される。これは無限に離れていた 2 つの原子 X と Y を，互いの核間距離が R になるまで近づける仕事 U により，距離 R のポテンシャルを定義づけたもので，分子のシュレディンガー方程式より求められる。曲線Ⓐは基底状態の場合である。横軸 $R = 0$ に原子 X があると考え，原子 Y を右側から曲線Ⓐに沿って R を小さくすると，引力ポテンシャルに引かれて谷（$R = R_0$）に近付き，さらに R を小さくすると強い斥力ポテンシャルで跳ね返される。その結果，ポテンシャルが極小となる $R = R_0$ 付近に原子 Y は捉えられて振動することがわかる。すなわち，$R = R_0$ 付近の谷の部分で原子 X と Y は電子を共有し化学結合を起こして安定な分子 XY を形成する。そのとき，図 2-12 のように X と Y は温度に応じて振動し，そのエネルギーは量子数 $v = 0, 1, 2 \cdots$ で示される不連続な値のみ許される。$R = R_0$ 付近で

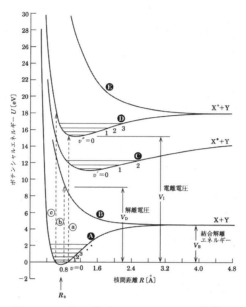

図2-13　分子（H_2）のポテンシャル曲線[6]

振動している分子XYに，外から熱エネルギーを与えると，振動の振幅が増大し（振動励起），ついには谷を飛び出してXとYに**解離**（dissociation）する（$R = \infty$）。そのときの熱エネルギーが，解離結合エネルギー（eV_B）に相当し，1,000℃程度となる。この解離過程は，たとえばSiH_4を700～1,100℃で熱分解（$Si + 2H_2$）して，シリコン薄膜を堆積させる，**熱CVD**（thermal chemical vapor deposition）などで利用される。

次に，基底状態の分子（曲線Ⓐ，$v = 0$）に，電子が衝突した場合を考える。電子は軽いので衝突しても原子XおよびYはほとんど動かず，核外電子にエネルギーを与えて電子状態が変わる（電子励起）。この電子励起は原子核のゆっくりした振動運動より非常に短い時間に完了する。このため電子遷移の前後での核の位置や速度は変化しない（**フランク・コンドンの原理**；Franck-Condon principle）。このため，$R = R_0$の基底状態の分子に電子が衝突した場合，$R = R_0$で引いた垂線と励起曲線Ⓑ～Ⓔとの交点の，いずれかに

励起される。たとえば，電子衝突で分子 XY がラジカル X* と Y に解離する過程は，垂線ⓑに沿って曲線Ⓑ上の $U = eV_D$ の点に励起され，その後，斥力ポテンシャルで R が増加して，解離する（$R = \infty$）。この解離状態のポテンシャル eV_B は，eV_D より小さく，この差は解離原子の運動エネルギーになる。たとえば水素の場合，eV_D = 8.8eV，eV_B = 4.5eV なので，電子衝突による解離 H 原子は，2.15eV（=(8.8-4.5)/2）の運動エネルギーを得る。同様に，直接電離は垂線ⓐに沿って曲線Ⓓの谷の位置 eV_I（水素では 15.4eV）に遷移することで起こる（XY⁺）。また，解離電離は垂線ⓒに沿って曲線Ⓓの斥力ポテンシャルの高い位置（水素では $U > 18.0$ eV）に遷移し，曲線Ⓓに沿って谷を下って，解離エネルギーより大きいため谷を越えて解離に至り，X⁺ + Y となることで起こる。また曲線Ⓔのように，斥力ポテンシャルしか持たない場合，直接電離により分子イオン（XY⁺）が生成されることはなく，解離電離（X⁺ + Y）のみとなる。先の熱 CVD ではガス分子を 1,000℃ 程度に加熱しなければ分解しないが，プラズマを用いると室温程度でもガス分子を解離して薄膜堆積などを行える（**プラズマ CVD**；plasma-enhanced chemical vapor deposition）。これは分子がプラズマ内の電子と衝突して電子励起して，その高いエネルギー準位で分子が解離されてラジカルが生成される。このラジカルにより膜堆積が起こる。

2.3.4　ドリフト

電子やイオンのような荷電粒子も空間中では熱運動し，無秩序な方向に飛び回っている。しかし電界が印加されると，図 2-14 に示すように，気体分子と衝突し不規則な方向に動きながらも，電子と負イオンは電界と反対方向に，正イオンは電界方向に移動して電流が流れる。このような粒子の運動を**ドリフト**（drift）という。電界から得るエネルギーと気体分子との衝突で失うエネルギーが均衡すると電子やイオンの平均ドリフト速度 v_d は一定となり，

$$v_d = \mu E \tag{2.57}$$

となる。μ を荷電粒子の**移動度**（mobility）という。電荷 e，質量 m の荷電粒

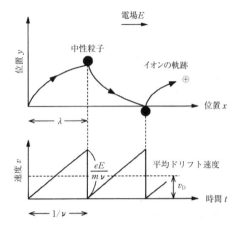

図2-14 電界による正イオンのドリフト(電子の場合は,正イオンと逆方向)6)

子がドリフト速度v_dで移動しているときの運動量はmv_dである。気体分子と衝突するとこの運動量をすべて失うとして,式(2.27)で示される衝突周波数νをかけると,毎秒の運動量の変化は$m\nu v_d$となる。したがって粒子群の密度をnとすると,衝突により粒子群に働く単位体積当たりの力fは

$$f = -mn\nu v_d \tag{2.58}$$

となる。この力と電界Eによるクーロン力neEが釣り合うため,

$$eE = m\nu v_d \tag{2.59}$$

となる。この式と式(2.27)より荷電粒子のドリフト速度は

$$v_d = \frac{eE}{m\nu} = \frac{e\lambda}{mv_r}E \tag{2.60}$$

となる。ただしv_rは,荷電粒子がイオンか電子かによって変わる。イオンの場合,電界があまり大きくないとすると,イオンの移動速度は熱運動速度に比べれば小さいので,v_rは熱運動速度の2乗平均の平方根となる。この場合,イオンの移動度μ_iは

$$\mu_i = \frac{e}{m_i\nu} = \frac{e\lambda}{m_i v_r} \tag{2.61}$$

となる。これより，ドリフト速度および移動度は平均自由行程に比例するので，式（2.26）より気体密度や気圧に反比例することがわかる。したがって，イオンのドリフト速度は規格化された換算電界E/pによって表すことができる。

電子の場合，電子のドリフト速度は熱運動速度に比べて大きいので，v_rが表す速度は電子のドリフト速度そのものになる。この場合，式（2.57），式（2.60）より電子の移動度μ_eは

$$\mu_e = \sqrt{\frac{e\lambda}{m_e E}} \tag{2.62}$$

となる。これよりドリフト速度および移動度は平均自由行程の平方根で表されるので，電子のドリフト速度は$(E/p)^{1/2}$によって表される。なお，換算電界E/pが大きい場合には，イオンの場合もv_rが表す速度はイオンのドリフト速度となり，ドリフト速度は$(E/p)^{1/2}$によって表されるようになるが，逆に電子のほうは非弾性衝突の影響が出てくるため，E/pによって表される。

また，交流電界$E_0\exp(j\omega t)$での移動度を求める。式（2.59）に速度の時間変化を考慮すると，以下の運動方程式となる。

$$m\frac{dv}{dt} + m\nu v = eE_0\exp(j\omega t) \tag{2.63}$$

速度vもjwtで変化するため，$v = v_0\exp(j\omega t)$を式（2.63）に代入すると，

$$j\omega m v_0\exp(j\omega t) + m\nu v_0\exp(j\omega t) = eE_0\exp(j\omega t)$$

となる。したがって，

$$v_0 = \frac{eE_0}{m(j\omega + \nu)} \tag{2.64}$$

なので，移動度は以下となる。

$$\mu = \frac{e}{m(j\omega + \nu)} \tag{2.65}$$

2.3.5 拡散と粒子フラックス

空間的に粒子密度が異なり不均一な場合，その粒子は他の粒子と衝突しながら，より低密度のほうに広がろうとする。これを**拡散**（diffusion）という。この

現象は気体が熱運動していることによって起こるため，気体分子やイオン，電子など，電荷の有無に関わらず生じる。したがってこの現象により荷電粒子の減少がおこるため再結合，付着とともに電子，イオン消滅の重要な過程となる。

まず一次元（x方向のみ）の場合について弾性衝突により粒子の運動量の変化が生ずると考えると，v_Dを拡散による速度として，

$$\frac{d(mnv_x)}{dt} = mnv_D\nu \tag{2.66}$$

となる。ただし，v_xは熱運動速度のx方向成分，νは衝突周波数である。v_xはtに無関係なので，式（2.66）の左辺は以下となる。

$$\frac{d(mnv_x)}{dt} = mv_x\frac{dn}{dx}\frac{dx}{dt} = mv_x^2\frac{dn}{dx}$$

これを式（2.66）に入れて，両辺を$m\nu$で割ると以下となる。

$$nv_D = -\frac{v_x}{\nu}\frac{dn}{dx}$$

x, y, z軸をもつ空間を考え，等方性を仮定すると，

$$v_x^2 = v_y^2 = v_z^2 = \frac{1}{3}v^2$$

であり，nv_Dはx軸に垂直な単位断面積を，通過する単位時間当たりの粒子数（**粒子フラックス**：flux）Γ_xを示すので，

$$\Gamma_x = -\frac{v^2}{3\nu}\frac{dn}{dx} = -D\frac{dn}{dx} = -D\cdot\nabla n \tag{2.67}$$

$$D = \frac{v^2}{3\nu} = \frac{1}{3}\lambda v \quad [\mathrm{cm^2/s}] \tag{2.68}$$

として，**拡散係数**（diffusion coefficient）Dが定義される。ただし，lは拡散する粒子の平均自由行程である。式（2.67）は，粒子束Γが密度勾配に比例して，密度の高い方から低い方へ拡散することを示す。また，式（2.68）より，λは気体密度に反比例するため，気圧が低いほうが拡散しやすくい。また拡散係数が粒子群の熱運動の平均速度vに比例することから，温度が高くなると拡

散しやすくなる。

密度 n が場所のみでなく時間的にも変化する場合は，以下の**連続の式**（continuity equation）を用いる。

$$\frac{dn}{dt}+\nabla\cdot\Gamma=0 \tag{2.69}$$

これに式（2.67）を代入して整理すると，

$$\frac{dn}{dt}=D\nabla^2 n \tag{2.70}$$

これを一次元で解く。$x = 0$，$t = 0$ にて $n = n_0$ とすると，x 点で時間 t 後の n は以下となる。

$$n=\frac{n_0}{\sqrt{4\pi Dt}}\exp\left(-\frac{x^2}{4Dt}\right) \tag{2.71}$$

この式はガウスの誤差曲線であり，時間の経過に伴い n/n_0 が減少する。この様子を図 2-15 に示す。また三次元の場合，距離を r として，以下の式となる。

$$n=\frac{n_0}{(4\pi Dt)^{3/2}}\exp\left(-\frac{r^2}{4Dt}\right) \tag{2.72}$$

これらの式より，時間 t 後の x^2 および r^2 の平均値は，以下の式となる。

$$\langle x^2\rangle=2Dt,\ \langle r^2\rangle=6Dt \tag{2.73}$$

また，イオンや電子などの荷電粒子の場合，拡散係数と移動度の間に重要な関係式が存在する。イオンの場合，式（2.61），式（2.68）と粒子群の熱運動

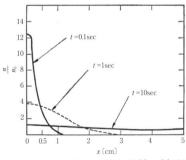

図 2-15　時間経過に伴う拡散の様子[9]

の平均速度，式 (2.19) より

$$\frac{\mu_i}{D} = \frac{3e}{m_i v_r^2} = \frac{e}{kT_i} \tag{2.74}$$

となる。これを**アインシュタインの関係式**（Einstein's relation）という。電子の場合も同じ関係式が導ける。これより荷電粒子の拡散係数は

$$D = \frac{kT}{e}\mu = \frac{kT}{m\nu} \tag{2.75}$$

と表すことができる。

2.3.6 再結合と電子付着

　原子，分子が電離すると正イオンと電子に分裂する。この逆の現象で正イオンと電子が結合して元の原子，分子に戻る現象を**再結合**（recombination）という。再結合には正イオンと電子が直接結合する電子再結合と，正イオンと負イオンが電子を授受して元の原子，分子に戻るイオン再結合がある。しかし，電子再結合は非常に起こりにくいことが実験で知られている。イオン再結合の方が起こりやすい。

　イオン再結合において，2つのイオンが衝突し再結合する割合は，正イオンの空間密度を n_+ [m^{-3}]，負イオンの空間密度を n_- [m^{-3}] とすると，

$$-\frac{dn_+}{dt} = -\frac{dn_-}{dt} = \rho_{ii} n_+ n_- \tag{2.76}$$

で表される。ρ_{ii} [m^3/s] をイオン再結合係数という。負の符号がついているのは再結合でイオンが減少することを表している。同様に電子再結合において，正イオンと電子が衝突し再結合する割合は，正イオンの空間密度を n_+ [m^{-3}]，電子の空間密度を n_e [m^{-3}] とすると，

$$-\frac{dn_+}{dt} = -\frac{dn_e}{dt} = \rho_{ie} n_+ n_e \tag{2.77}$$

で表される。ρ_{ie} [m^3/s] を電子再結合係数という。

　再結合が行われると正イオンが電離に要したエネルギーを放出するため余剰

2.3 荷電粒子の基礎過程

エネルギーが発生する。この余剰エネルギーは電磁波として外に放出されるか，分子を励起して内部エネルギーとして蓄えられるか，分子の運動エネルギーとして使われるかである。どのような形で余剰エネルギーが現れるかは再結合の種類によって異なる。再結合の種類には**放射再結合**（radiative recombination），**解離再結合**（dissociative recombination），**三体再結合**（three-body recombination），**電荷交換再結合**（recombination by charge exchange）がある。

放射再結合とは正イオンと電子または負イオンの再結合後分子が生じるとき，余剰エネルギーを光量子 $h\nu$ の形で放出する再結合である。電子再結合では

$$X^+ + e \rightarrow X + h\nu \tag{2.78}$$

イオン再結合では

$$X^+ + Y^- \rightarrow XY + h\nu \tag{2.79}$$

である。放射再結合の再結合係数は理論的には小さく，$\rho_{ii} \leq 10^{-20} m^3/s$ 程度である。

解離再結合とは余剰エネルギーを放出せず，それぞれが励起原子となってエネルギーを蓄える再結合の形式である。

$$XY^+ + e \rightarrow X^* + Y^* \tag{2.80}$$

解離再結合の再結合係数は理論的には，$\rho_{ie} \approx 10^{-14} m^3/s$ 程度である。

三体再結合とは正イオンと負イオンが中性分子を介して再結合する形式で，余剰エネルギーは中性分子にも与えられる。イオン再結合の場合

$$X^+ + Y^- + Z \rightarrow XY + Z \tag{2.81}$$

電子再結合で第三体が中性分子の場合

$$X^+ + e + Z \rightarrow X^* + Z \tag{2.82}$$

電子再結合で第三体が電子の場合

$$X^+ + e + e \rightarrow X^* + e \tag{2.83}$$

と表される。再結合するイオン間，イオン−電子間の運動の相対速度が速いと衝突してもお互いを捕捉できず反応は遅い。第三体との衝突により減速されると，お互いを捕捉することが可能となるため反応が速くなり，再結合係数が大きくなる。これは分子間の衝突が増えるガス圧力の大きい場合に顕著になる。

再結合係数は反応によって異なる。イオン三体再結合で$\rho_{ii} \approx 10^{-12} m^3/s$程度である。

電荷交換再結合は正イオンと負イオンが再結合するとき，原子あるいは分子同士は結合せず，荷電粒子のやり取りのみ行う反応で，

$$X^+ + Y^- \to X^* + Y^* \tag{2.84}$$

と表される。再結合係数は，$\rho_{ii} \approx 10^{-14} \sim 10^{-13} m^3/s$程度である

電子が原子または分子にくっついて，負イオンを作ることを**電子付着作用**（electron attachment）である。電子付着作用の起こりやすさは，気体を構成する原子の種類によって違う。He，Ne，Arのような最外殻電子軌道に空きのない不活性気体，純粋なH_2，N_2気体中では起こりにくい。電子付着作用を強く起こすのは最外殻電子軌道の電子がひとつ少ないF，Cl，Brのようなハロゲンガス，もしくは酸素である。そのため，これらの原子，分子を含むSF_6のような化合物，空気，水蒸気などでは電子付着が起こりやすい。電子付着作用を起こしやすい気体を**電気的負性気体**（electronegative gas）といい，**電子親和力**（electron affinity）を持っているという。

電子の空間密度をn_e [m^{-3}]，電気的負性気体の空間密度をn_a [m^{-3}]とすると，電子と電気的負性気体が衝突して付着が起こる時間割合は

$$\frac{dn_a}{dt} = \frac{dn_e}{dt} = -\frac{dn_-}{dt} = -k_a n_e n_a \tag{2.85}$$

で表され，k_a [m^3/s]を**電子付着速度定数**（electron attachment rate constant）という。電子付着が起こるためには分子が電子を補足する必要があるため，電子付着速度定数は電子の運動エネルギー，すなわち電子の速度で大きく変化する。一般的に電子付着速度定数は1〜5 eVの間で極大値を持つ。電子と分子との電子付着速度定数k_aは，前述のように気体の種類によって違うが極大値で1×10^{-14} m^3/s程度以下である。電子付着の特性は電子を消滅させることから，絶縁用途には最適でありSF_6ガスは電力用高電圧機器の絶縁に多用されている。

2.3 荷電粒子の基礎過程

演習問題

(1) 27℃，1気圧の気体中に含まれる分子数密度を求めよ．

(2) 窒素分子の 27℃ での平均速度を求めよ．また，このときの平均自由行程が 0.001 mm の場合，衝突周波数を求めよ．

(3) 式 (2.32)，(2.33) を用いて，式 (2.34) を求めよ．また，衝突時の角度を θ として，角度全体を平均することで，正面衝突のときのエネルギー損失係数の変換係数 1/2 を導出せよ．

(4) 図 2-8 に示す水素原子において，励起準位 $n = 2$ から基底準位 $n = 1$ に遷移する際に，放出する光の振動数と波長を求めよ．また，$n = 3$ の励起準位から $n = 2$ の励起状態に遷移する場合はいくらになるか．

(5) 主量子数 $n = 2$ および $n = 4$ の原子おいて，電子がとりうる状態は何通りになるか求めよ．

(6) 式 (2.46) を用いて，式 (2.48) を求めよ．

(7) Xe を効率よく光電離できる光の波長を求めよ．

演習解答

(1) $n = \dfrac{p}{kT} = \dfrac{101325}{1.38 \times 10^{-23}(273+27)} = 2.45 \times 10^{-25}\ [\mathrm{m^{-3}}]$

(2) $\sqrt{\overline{v^2}} = \sqrt{\dfrac{3kT}{m}} = \sqrt{\dfrac{3 \times 1.38 \times 10^{-23}(273+27)}{4.65 \times 10^{-26}}} = 517\ [\mathrm{m/s}]$

$\nu = \dfrac{v}{\lambda} = \dfrac{517}{0.000001} = 517000000\ [\mathrm{Hz}] = 517\ \mathrm{MHz}$

(3) 前半の解答は省略．後半は，運動量保存則式 (2.32) を以下のように書き換える．

$$m_1 v_1 \cos\theta = m_1 v'_1 \cos\theta' + m_2 v'_2$$
$$m_1 v_1 \sin\theta = m_1 v'_1 \sin\theta'$$

これにエネルギー保存則式 (2.33) を連立させて解くと，

$$\kappa = \dfrac{4 m_1 m_2}{(m_1 + m_2)^2} \cos^2\theta$$

衝突する面積で重みづけをして平均をとると，

$$\langle \kappa \rangle = \frac{1}{\pi r^2}\int_0^{\pi/2}\frac{4m_1m_2}{(m_1+m_2)^2}\cos^2\theta \cdot 2\pi r^2\cos\theta\sin\theta d\theta = \frac{2m_1m_2}{(m_1+m_2)^2}$$

(4) $\Delta W_{2-1} = E_2 - E_1 = -2.18\times 10^{-18}\left(\dfrac{1}{2^2}-\dfrac{1}{1^2}\right) = 1.64\times 10^{-18}$ J

$\nu_{2-1} = \dfrac{\Delta W_{2-1}}{h} = \dfrac{1.64\times 10^{-18}}{6.626\times 10^{-34}} = 2.48\times 10^{15}$ Hz

$\lambda_{2-1} = \dfrac{c}{\nu_{2-1}} = \dfrac{3.0\times 10^8}{2.48\times 10^{15}} = 1.21\times 10^{-7}$ m $= 121$ nm（紫外線）

$\Delta W_{3-2} = E_3 - E_2 = -2.18\times 10^{-18}\left(\dfrac{1}{3^2}-\dfrac{1}{2^2}\right) = 3.03\times 10^{-19}$ J

$\nu_{3-2} = \dfrac{\Delta W_{3-2}}{h} = \dfrac{3.03\times 10^{-19}}{6.626\times 10^{-34}} = 4.57\times 10^{14}$ Hz

$\lambda_{3-2} = \dfrac{c}{\nu_{3-2}} = \dfrac{3.0\times 10^8}{4.57\times 10^{14}} = 6.56\times 10^{-7}$ m $= 656$ nm（赤色の可視光）

(5) $n=2$ の場合，l は 0, 1 の 2 通り。$l=0$ の場合，$j=1/2$ で $m=\pm 1/2$ の 2 通り（$2j+1=2$），$l=1$ の場合，$j=1/2$ で $2j+1=2$ 通り，$j=3/2$ で $m=-3/2, -1/2, 1/2, 3/2$（$2j+1=4$）の 4 通り。合計 8 通り。

$n=4$ の場合，l は 0, 1, 2, 3。$l=0$ では 2 通り。$l=1$ では 6 通り。$l=2$ では 10 通り（本文参照）。$l=3$ の場合，$j=5/2$ と，$j=7/2$。それぞれ，$2j+1=6$ および $2j+1=8$ となり，14 通り。合計 30 通り。

(6) $h\nu = eV_\mathrm{i}$ より $h\dfrac{c}{\lambda} = eV_\mathrm{i}$。したがって，

$$\lambda = \frac{hc}{eV_\mathrm{i}} = \frac{6.63\times 10^{-34}\times 3.0\times 10^8}{1.6\times 10^{-19}V_\mathrm{i}}[\mathrm{m}] \approx 1240/V_\mathrm{i}[\mathrm{nm}]$$

(7) $\lambda = 1240/V = 1240/12.1 = 102.5$ [nm]

引用・参考文献

1) 秋山秀典：高電圧パルスパワー工学，オーム社，2003.
2) 飯島徹穂，近藤真一，青山隆司：はじめてのプラズマ技術，森北出版，2011.
3) 八坂保能：放電プラズマ工学，森北出版，2007.

4） 日高邦彦：高電圧工学，数理工学社，2009.
5） 花岡良一：高電圧工学，森北出版，2007.
6） 菅井秀郎：プラズマエレクトロニクス，オーム社，2000.
7） 高村秀一：プラズマ理工学入門，森北出版，1997.
8） J. S. Chang, R. M. Hobson, 市川幸美，金田輝男：電離気体の原子・分子過程，東京電機大学出版局，1982.
9） 武田進：気体放電の基礎，東京電機大学出版局，1990.

3章　プラズマの生成と特徴

前章では，気体の性質や荷電粒子の電界の中での振る舞いについて学んだ。気体の分子は熱運動をしており，それぞれの分子のエネルギーは分布則にしたがうことや，粒子同士の衝突によりエネルギーが移されること，また荷電粒子は電界で加速されて他の粒子と衝突する際のエネルギーが大きくなると，励起や電離を引き起こすことなどを学習した。プラズマの生成には電離や励起が深く関わる。電離が進んで絶縁が急激に損なわれることを絶縁破壊といい，そこで生じる導電性を持った場をプラズマと呼ぶ。ここでは絶縁破壊によるプラズマの生成について，また集団的振る舞いであるプラズマ振動など，プラズマ特有の現象について学ぶ。

3.1　気体からプラズマへの移行

3.1.1　絶縁破壊の意味

気体はもともと絶縁物である。たとえ荷電粒子があったとしても，ドリフトで，印加電界に比例した電流が流れるのみであり，インピーダンスは数百MΩを超える大きな値となる。これに高電界などで持続的な電離を引き起こし，電流が非線形的に増加，インピーダンスが急激に減少することを**絶縁破壊**（breakdown）と呼ぶ。気体に電界をかけて絶縁破壊を引き起こすには，3つの要素が必要となる。一つ目は**初期電子**（initial electron）である。図3-1に示す制御系では入力 $R(s)$ にあたる。二つ目は電子を電界で加速して**衝突電離**（impact ionization）を引き起こすことである。制御系ではゲインにあたる。この2つのみでは絶縁破壊は起こらない。理由は，衝突電離で増倍されて陽極に引き込まれることで現象は終了して，電極間は絶縁状態に戻るためである。絶縁破壊には持続的な電子増倍が必要で，この役割を担うのが**二次電子**（secondary electron）であり，制御系ではフィードバック部となる。初期の電

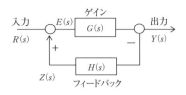

図3-1　フィードバック制御

子と同じ数の電子がイオンや光によって陰極などにできれば，同様の電離が再び引き起こされる．すなわちフィードバック制御系における入力，ゲイン，フィードバックがある条件を満たすとき，この系は発散し出力無限大となる．この条件が絶縁破壊条件となる．そして入力，ゲイン，フィードバックに相当するものが，それぞれ初期電子，電離，二次電子となる．以下絶縁破壊の際に，それぞれが満たすべき条件について考える．

例題 3.1　図3-1の出力を，フィードバックがある場合，およびない場合について求めよ．

解)　ない場合は，入力とゲインの積なので，
$$Y(s) = R(s) \cdot G(s)$$
ある場合は，
$$Y(s) = E(s) \cdot G(s) \qquad (1)$$
$$Z(s) = Y(s) \cdot H(s) \qquad (2)$$
$$E(s) = R(s) + Z(s) \qquad (3)$$
より，以下の式が得られる．
$$Y(s) = \frac{G(s)}{1 - G(s) \cdot H(s)} R(s)$$
すなわち，$1 - G(s) \cdot H(s) = 0$ が，この系の発散条件となる．

3.1.2　初期電子の発生

初期電子の発生場所は，電極間の空間と陰極表面の2つに分けられる．前者

は空間中の気体原子や分子，また負イオンが電子の供給源となる。2章でも学習したように，気体原子や分子は電離電圧に相当するエネルギーを電子の衝突や光，熱などで与えられると，最外殻の電子を放出して電子とイオンに分かれる。自然界には常に高エネルギーの宇宙線，放射線，紫外線などがあり，これが電離を引き起こして（自然電離），偶発的に電子が発生する。電離に必要な光の波長は，$\lambda = 1240/V_i$ [nm]（ただし，V_iは電離電圧[eV]）なので，一般には100 nm以下の紫外線領域の光となる。この波長域の光が自然界に存在する割合は小さく，このため自然電離による偶発電子の発生は，大気中では10個/(cm^3・秒)程度となる。電子は質量も軽く，特に大気中では長く存在できない。このため電子の多くは酸素や水蒸気と結びついてO_2^-などの負イオン単体や，$[H_2O]_n O_2^-$などのクラスタ化されたイオンを形成する。これらのイオンは空気中に10^2-10^3個/cm^3程度存在しており，初期電子の供給源となる。負イオンからの電子供給は**電子脱離**（electron detachment）と呼ばれる。電子脱離で電子が取り出される時間は電界E [kV/cm]の関数となり，負イオンが電子離脱を起こす時間τは，以下のようになる[3]。

$$\tau = A\exp(B/E) \quad [s] \tag{3.1}$$

空気の場合，$A = 8.31 \times 10^{-8} - 1 \times 10^{-9}$ H，$B = 20.8 + 2.04$ H $- 0.052$ H^2，ただしHは水分含有量（g/m^3）である。

3.1.3　電極表面からの電子放出

金属中には各原子に束縛されず，自由に動いている電子（**自由電子**；free electron）が大量に存在する。これらを金属外部に取り出すためには電子にエネルギーを与える必要がある。温度0 Kにおける金属内部の電子は，**フェルミ準位**（Fermi level）と呼ばれるエネルギー帯まで詰まっている。金属の表面には**仕事関数**（work function）と呼ばれるエネルギー障壁が存在しており，電子が外部に出るのを妨げている。代表的な金属の仕事関数φを表3-1に示す。フェルミ準位の電子を取り出すためには仕事関数を越える大きさのエネルギーが必要になる。電子へのエネルギーの与え方として，熱，光，中性および

表3-1　金属の仕事関数[2]

金属	仕事関数[eV]
Pt	5.3
Ni	4.6
W	4.5
Al	4.3
Cu	3.9
Mg	3.6
Ca	2.8
Na	2.4
Cs	1.8

荷電粒子の衝突がある。これらのエネルギーにより，電子が金属（陰極）から飛び出ることを，それぞれのエネルギーの与え方によって，**熱電子放出**（thermionic emission），**光電子放出**（photoelectric emission）と呼ぶ。これらは工業的に広く応用されている。たとえば蛍光灯を含め，多くの光源は**熱陰極**（hot cathode）といったフィラメントを加熱したものを陰極に使用している。これは熱電子放出により，安定に電子を供給するためである。このほかの電子放出機構として，パルスパワー放電における主な初期電子源となる**電界電子放出**（field emission）があげられる。これは高電界で薄くなった障壁を量子効果によって，すり抜けるものである（**トンネル効果**；tunnel effect）。

　光電子放出は，金属（陰極）に振動数 ν の光を照射したとき陰極から電子が放出される現象で，アインシュタイン（A. Einstein）が電子放出に**光子**（photon）の概念を導入して，初めて説明できるようになった現象である。これにより放出される電子は**光電子**（photo electron）と呼ばれ，入射光の持つエネルギー $h\nu$ [J]（h:プランク定数 6.626×10^{-34} Js）が金属の仕事関数 $e\varphi$ [J]より大きいときに起こる。金属から放出される光電子の運動エネルギーは，以下の式となる。

$$\frac{1}{2}m_e v_e^2 = h\nu - e\varphi \tag{3.2}$$

ここで，m_e は電子の質量，v_e は光電子の速度を表す。

　電子放出は金属に電子やイオン，準安定粒子が衝突することでも起こる。こ

3.1 気体からプラズマへの移行

の場合金属には粒子の運動エネルギー W [J] と，それぞれの粒子が有する内部エネルギー eV [J] の和が与えられるため，この総和が金属の仕事関数 $e\varphi$ [J] より大きいときに電子が放出される。これは**γ効果**（γ-effect）と呼ばれており，特に正イオンが陰極へ衝突することで電子が放出される**二次電子放出**（secondary electron emission）は，後述するタウンゼント破壊機構で重要な役割を担う。正イオンの衝突による二次電子放出では，正イオンの中和にも電子が必要となるため，以下の式のように，2つの電子を放出させることが二次電子放出の条件となる。

$$W_i + eV_i \geq 2e\varphi \tag{3.3}$$

ここで，V_i はイオンの電離電圧を表す。

熱電子放出は金属を加熱することで格子の熱振動が起こり，このエネルギーが電子に与えられ，このエネルギーが金属の仕事関数 $e\varphi$ [J] より大きいときに起こる。熱電子の理論はリチャードソン（O. W. Richardson）やダッシュマン（S. Dushmann）等によって構築され，以下の**リチャードソン-ダッシュマンの式**で表される。

$$J = AT^2 \exp\left(-\frac{e\varphi}{kT}\right) \quad [\text{A/m}^2] \tag{3.4}$$

ここで，T は温度 [K]，k はボルツマン定数，A はダッシュマン定数（1.20×10^6 [A/(m^{2}K^2)]）である。

金属表面に電界が加わることで，熱電子などの生成が増加する。これは，図3-2に示すように，電界によって実質的な電位障壁が減少することに起因している（**ショットキー効果**；schottkey effect）。この電子障壁の減少を $\Delta e\varphi$ とすると，熱電子放出 J_S は以下のようになる。

$$J_S = AT^2 \exp\left[-\frac{e(\varphi - \Delta\varphi)}{kT}\right] \quad [\text{A/m}^2] \tag{3.5}$$

ここで，電界 E による電子障壁の減少 $\Delta\varphi$ は，放出された電子の鏡像効果と電界によるポテンシャルの和より，次の式となる。

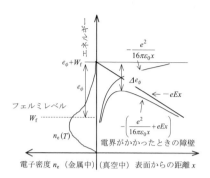

図3-2　金属表面のエネルギー障壁とその電界による変化[4]

$$\Delta\varphi = \sqrt{\frac{eE}{4\pi\varepsilon_0}} \quad [\text{V}] \tag{3.6}$$

ここで，ε_0は真空の誘電率である。

電界Eが10^8 V/m以上と，非常に高い条件では，金属を加熱することなく電子を引き出すことができる。これは，図3-3に示すように，非常に電界が高い条件では，フェルミ準位付近の電位障壁の厚さが薄くなる。これにより，電子の波動性による不確定性原理に基づき電位障壁をすり抜け，電子が放出される。この効果は**トンネル効果**と呼ばれ，**ファウラー-ノルドハイムの式**（Fowler-Nordheim formula）を用いて以下のように表される。

$$J = 6.2 \times 10^{-6} \frac{\varphi_f^{1/2}}{(\varphi - \varphi_f)\varphi_f^{1/2}} E^2 \exp\left(-6.8 \times 10^7 \frac{\varphi^{3/2}}{E}\right) [\text{A/m}^2] \tag{3.7}$$

ここで，φ_fはフェルミ準位[V]，ε_0は真空の誘電率である。

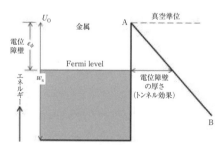

図3-3　電界による陰極表面近傍のポテンシャル分布

例題 3.2 図 3-2 より，式 (3.6) を求めよ．

解) 今，電子が金属表面から x だけ飛び出したとする．このとき電子（電荷 $-e$）が金属から受ける力は，鏡像効果を考慮して金属表面から $-x$ の点に影像電荷を置いて考えると，

$$f(x) = \frac{e^2}{4\pi\varepsilon_0 (2x)^2} \quad [\mathrm{N}]$$

となる．この電子が金属表面から x だけ離れたときのポテンシャルエネルギーは，

$$U = \int_0^x f(x)dx = -\frac{e^2}{16\pi\varepsilon_0 x} \quad [\mathrm{J}]$$

となり，無限遠点では 0 となる．次に電界がある場合を考える．ポテンシャルエネルギーは，電子に力（eE）がかかるため，図 3-2 のように，

$$U = -\left(\frac{e^2}{16\pi\varepsilon_0 x} + eEx\right) \quad [\mathrm{J}]$$

となる．これが最大になる $x_{\max}$ を求めると，

$$\frac{dU}{dx} = \frac{e^2}{16\pi\varepsilon_0 (x_{\max})^2} - eE = 0$$

より，

$$x_{\max} = \sqrt{\frac{e}{16\pi\varepsilon_0 E}}$$

これを用いて U の最大値 $U_{\max}$ を求めると，

$$U_{\max} = e\Delta\varphi = -\left(\frac{e^2}{16\pi\varepsilon_0 \sqrt{\dfrac{e}{16\pi\varepsilon_0 E}}} + eE\sqrt{\frac{e}{16\pi\varepsilon_0 E}}\right) = e\sqrt{\frac{eE}{4\pi\varepsilon_0}}$$

ゆえに，

$$\Delta\varphi = \sqrt{\frac{eE}{4\pi\varepsilon_0}} \quad [\mathrm{V}]$$

3.1.4 衝突電離による電子増倍

電極間の空間や陰極で発生した初期電子は，電界中である距離だけ加速されて，原子や分子などの粒子と衝突する。衝突時の電子の速度が電離に必要なエネルギー eV_i（V_i：電離電圧）に達すると，電離が起こって電子が1個増える。このとき進んだ距離を δ とすると，電離によりエネルギーを失った電子と生じた電子は再び電界で加速され，距離 δ を進んだのちに再び電離を引き起こす。この結果，電子が $m\delta$ 進むと電離の回数は m 回となり，電子の数は 2^m 個に増える。この過程が衝突電離による電子増倍となる。

電子が単位長さあたり進むときに α 回電離を起こすとする（**α 係数；タウンゼントの第一電離係数**；Townsend's primary ionization coefficient）。n_e 個の電子が微小距離 dx 進むときの電子の増加分 dn_e は，

$$dn_e = \alpha n_e dx \tag{3.8}$$

と表すことができる。これを初期条件 $x=0$ のとき $n_e = n_{e0}$ として解くと，

$$n_e = n_{e0} \exp(\alpha x) \tag{3.9}$$

となる（演習問題参照）。このような電子の電離を衝突電離と呼び，電離増殖作用を **α 作用**（α-action）という。

2章で学習したように，ハロゲン族などの電気的負性気体が空間に存在する場合は，衝突電離のみでなく気体が電子を補足して負イオンとなる電子付着も生じる。この場合も，衝突電離同様に，電子1個が電界方向に単位長さ進む間に起こる付着回数 η は，**電子付着係数**（electron attachment coefficient）として定義される。n_e 個の電子が dx 進む間に付着で変化する電子の個数を dn_e とすると，

$$dn_e = -n_e \eta dx \tag{3.10}$$

と表すことができる。初期条件 $x=0$ のとき $n_e = n_{e0}$ について解くと，

$$n_e = n_{e0} \exp(-\eta x) \tag{3.11}$$

となる。電界により衝突電離と電子付着が同時に起こる場合，式(3.8)と式(3.10)より，

$$dn_e = n_e(\alpha - \eta)dx \tag{3.12}$$

と表され，

$$n_e = n_{e0} \exp\{(\alpha - \eta)x\} \tag{3.13}$$

となる。この式は電気的負性気体中では衝突電離係数が実質 $\bar{\alpha} = \alpha - \eta$ になっていることを示している。この $\bar{\alpha} = \alpha - \eta$ を**実効電離係数**（effective ionization coefficient）という。

3.2 絶縁破壊理論

3.2.1 タウンゼントの絶縁破壊条件

初期電子が発生したとして，放電とプラズマ状態への遷移はどのようにして起こるのであろうか。この機構を解明して気体放電の歴史に残る仕事をしたのがイギリスのタウンゼント（J. S. Townsend）である。ここではタウンゼントの実験と解釈を中心に説明する。

自然電離に伴う偶発電子を初期電子として使用した場合，統計的なばらつきは避けられない。そこでタウンゼントは，2章で述べた光電子放出を用いて実験を行なった。すなわち陰極に照射する紫外線量を変え，光電子放出による電流 I_0 を制御し，放電開始前の陽極に流れる微弱な電流 I を詳しく調べ，次の2つの関係を見出した。一つ目は，陽極電流 I は電極間の距離 d に対して指数関数的に増加することで，

$$I = I_0 \exp(\alpha d) \tag{3.14}$$

すなわち $\ln(I/I_0) = \alpha d$ と表せることで，二つ目は，この係数 α（タウンゼントの第一電離係数）は圧力 p と電界 $E = V/d$ に依存し，

$$\frac{\alpha}{p} = A \exp\left(-\frac{B}{E/p}\right) \text{ただし } A, B \text{ は定数} \tag{3.15}$$

の関係があることである（演習問題参照）。

タウンゼントによる解釈は，すでに前節での記載の通りで，電子の増倍は $n_0 \exp(\alpha x)$ となり，電流 I は nev_d（v_d は電子のドリフト速度）なので，上の式は $I = I_0 \exp(\alpha x)$ とも書ける。ここで距離 x に電極間距離 d を代入すると，式

(3.14) と一致する。

　次に，タウンゼントは電離増殖作用から絶縁破壊に至る過程を考えるため，電界で加速された正イオンが陰極に衝突した際に出てくる二次電子を考慮した。これを γ **作用**（γ-action）と名付け，陰極へ入射されるイオン数と放出される二次電子の数との比 γ を**二次電子放出係数**（secondary electron emission coefficient）として定義した。α 作用と γ 作用を考慮しながら陽極に流れ込む電流を計算すると以下のようになる。紫外線照射によって陰極から出る光電子を n_{e0} とすると，これと距離 d を隔てた陽極に流れ込む電子は，図3-4に示すように，α 作用により $n_{e0}\exp(\alpha d)$ となる。このとき電子の増分は $n_{e0}\exp(\alpha d) - n_{e0}$ で，これは電離で発生した正イオン数に等しい。このイオンは電界によって加速され，陰極に衝突する。このとき γ 作用により，$\gamma n_{e0}\{\exp(\alpha d) - 1\}$ の2次電子が飛び出す。この電子は α 作用により $\gamma n_{e0}\{\exp(\alpha d) - 1\}\exp(\alpha d)$ に増幅される。このように考えると陽極に入射する電子の数は

$$n_e = n_{e0}\exp(\alpha d) + M n_{e0}\exp(\alpha d) + M^2 n_{e0}\exp(\alpha d) + M^3 n_{e0}\exp(\alpha d) + ...$$

(3.16)

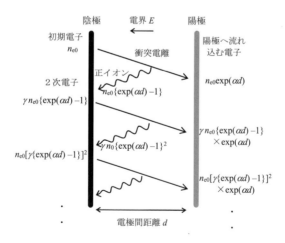

図3-4　α 作用と γ 作用による電子の増幅[4]

ただし，$M=\gamma\{\exp(\alpha d)-1\}$である．上記を電流 I について書き直すと，$I = n_e e v_d$ より，I_0 を初期電子による電流として，以下のようになる．

$$I = I_0 \exp(\alpha d) + M I_0 \exp(\alpha d) + M^2 I_0 \exp(\alpha d) + M^3 I_0 \exp(\alpha d) + \ldots \tag{3.17}$$

すなわち初期値 $I_0 \exp(\alpha d)$，等比 M の無限等比級数の和となる．これは $M<1$ で収束し，総和は以下のようになる．

$$I = \frac{I_0 \exp(\alpha d)}{1-M} \tag{3.18}$$

この式より，紫外線照射をやめ，初期電子の供給を止めて $I_0 = 0$ とする．そうすると $I = 0$ となり，電流は持続しない．しかし $I_0 \to 0$ であっても $M \to 1$ であれば，電流 I は有限値をとる．すなわち，紫外線の助けがなくても，わずかの偶発電子がタネとなり，電極間に電流が流れ続けて放電が持続する．このことからタウンゼントは，放電開始条件を $M = 1$，すなわち

$$\gamma\{\exp(\alpha d)-1\} = 1 \tag{3.19}$$

と結論した．上記の条件は**タウンゼントの火花条件**（sparking criterion）と呼ばれる．

ここまでは，電子付着を起こさない希ガスなどを想定して，モデルを簡単にして話を進めた．タウンゼントの火花条件は，酸素のように負性ガスを含む場合，負イオンの影響を考慮する必要がある．電子付着を考慮した電子の電離増倍は，式(3.12)，式(3.13)より以下となる．

$$dn_e = n_e(\alpha-\eta)dx$$
$$n_e = n_{e0} \exp\{(\alpha-\eta)d\} \tag{3.20}$$

ただし，n_{e0} は $x = 0$ のときの初期電子，d は電極間距離である．一方，電子付着により生じる負イオン n_n の増分は，次のようになる．

$$dn_n = \eta n_e dx \tag{3.21}$$

これを初期条件 $x = 0$ のとき $n_n = 0$ として解くと以下となる（演習参照）．

$$n_n = n_{e0} \frac{\eta}{\alpha-\eta}[\exp\{(\alpha-\eta)x\}-1] \tag{3.22}$$

したがって，陽極面に到達する負イオンは $x=d$ として，以下となる．

$$n_\mathrm{n} = n_\mathrm{e0} \frac{\eta}{\alpha-\eta}[\exp\{(\alpha-\eta)d\}-1] \tag{3.23}$$

したがって，電離により生じる正イオン n_p は，電子付着を考慮すると，$x=d$ で考えて以下のようになる（演習参照）．

$$n_\mathrm{p} = n_\mathrm{e} + n_\mathrm{n} - n_\mathrm{e0} = n_\mathrm{e0} \frac{\alpha}{\alpha-\eta}[\exp\{(\alpha-\eta)d\}-1] \tag{3.24}$$

この正イオンが電界で加速されて陰極に衝突し，γ 作用により，$\gamma n_\mathrm{e0} \frac{\alpha}{\alpha-\eta}[\exp\{(\alpha-\eta)d\}-1]$ の二次電子が飛び出す．この二次電子の発生が初期電子 n_e0 より大きくなることがタウンゼント条件となるので，電子付着が存在する場合のタウンゼント条件は以下となる．

$$\frac{\alpha}{\alpha-\eta}[\exp\{(\alpha-\eta)d\}-1] = 1 \tag{3.25}$$

3.2.2 パッシェンの法則

先にタウンゼントの実験結果を基礎として，放電開始（絶縁破壊）条件を求めた．タウンゼントの火花条件は，式(3.19)を ad について変形すると以下のようになる．

$$\alpha d = \ln(1+1/\gamma) \tag{3.26}$$

二次電子放出係数 γ は，陰極の材料や気体の種類，電界によって変わるが，代表的には 0.05～0.1 程度である．したがって，αd が 2.3～3.0 程度が破壊条件となる．α は，式(3.15)のように電界の関数となるので，電極に印加する電圧がある値を超えるときに放電開始が起こる．この電圧 V_s を**火花電圧**（sparkover voltage）もしくは**放電開始電圧**（breakdown voltage）という．

パッシェン（F. Paschen）は学生時代に火花電圧について実験を行ない，ひとつの法則を見出した．その法則は「火花電圧は気体の圧力 p と電極間隔 d との積 pd で決まり，極小値をもつ」というもので，**パッシェンの法則**（pashen's law）と呼ばれている．データの一例として，いくつかの気体に対する V_s と pd の関係を図 3-5 に示す．陰極は鉄である．空気の場合，$pd \fallingdotseq$

3.2 絶縁破壊理論

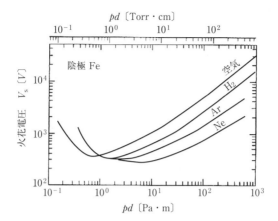

図3-5 火花電圧と pd 積との関係[5]

0.7 Pa·m のとき V_S は最小値（≒ 330 V）となり，この電圧で放電することがわかる。また，圧力を2倍にしても電極間隔を半分にすると火花電圧は変わらない。

パッシェンの法則は，タウンゼントの見出した関係式(3.15), (3.26)より理論的に導くことができる。式 (3.9) を満たす電界を E_S とおき，式(3.15)の両辺に pd をかけると

$$\alpha d = Apd \exp\left(-\frac{Bpd}{E_S d}\right) \quad (3.27)$$

となる。ここで $V_S = E_S \cdot d$ となるので，式 (3.26)，式 (3.27) より，火花電圧が，pd の関数として，以下のように求まる。

$$V_S = \frac{Bpd}{\ln(Apd/\varphi)} \quad \text{ただし，} \varphi = \ln(1+1/\gamma) \quad (3.28)$$

ここで A，B は気体で決まる定数，φ は陰極材料と気体で決まる定数になる。代表的な気体の定数を表3-2に示す。上式は $x = (A/\varphi) \cdot pd$, $y = (A/\varphi) \cdot (V_S/B)$ とおけば $y = x \cdot \ln x$ となる。この関数は $x = \varepsilon$（自然対数の底）のとき，最小値 $y = \varepsilon$ となる。x は pd に比例するので，pd がある値，$pd = (\varphi/A) \cdot \varepsilon$ のときに，火花電圧は極小値 $V_S = (B/A) \cdot \varphi \varepsilon$ をとることがわかる。

表 3-2 各気体の定数[3]

気体	A [cm^{-1}Torr^{-1}]	B [Vcm^{-1}Torr^{-1}]	E/p [Vcm^{-1}Torr^{-1}]	V_i [V]
H_2	5	130	150-600	15.4
N_2	12	342	100-600	15.5
O_2	—	—	—	12.2
CO_2	20	466	500-1 000	13.7
空気	15	365	100-800	—
H_2O	13	290	150-1 000	12.6
HCl	25	380	200-1 000	—
He	3	34(25)	20-153(3-10)	24.5
Ne	4	100	100-400	21.5
A	14	180	100-600	15.7
Kr	17	240	100-1 000	14.0
Xe	26	350	200-800	12.1
Hg	20	370	200-600	10.4

これまで出てきた pd や α/p, E/p などの重要なパラメータは, 平均自由行程 λ 当たりの物理量として表現できる。λ は気圧 p に反比例する ($\lambda \propto 1/p$) ことより, パッシェンの法則式 (3.28) のパラメータは $pd \propto d/\lambda$ (電極間での平均の衝突回数), タウンゼントの実験式 (3.15) のパラメータは, $\alpha/p \propto \alpha\lambda$ (1 衝突あたりの電離の割合), $E/p \propto E\lambda$ (衝突から次の衝突までに電子がもらう平均のエネルギー) となる。これらのパラメータの値が同じ, すなわち λ あたり物理量が同じであれば, 同じ火花電圧, 電流が得られることになる。これを気体放電における相似則という。長さの単位として 1 m を基準にせず, λ を単位として測って同じであれば同一の物理現象が観測されることを意味している。

3.2.3 ストリーマ放電

電子による α 作用とイオンによる γ 作用をもとにしたタウンゼントの理論は, パッシェンの法則を説明することに成功し, 広い実験条件で観測結果と一致する。しかしこの理論の仮定が成り立たない条件もあり, その条件下では観測結果と理論の間に食い違いが生じる。代表的なものに, 圧力が高く pd が大きい領域 (> 700 Pa·m) がある。この領域ではタウンゼントの理論の予測よ

りも低い電圧で絶縁破壊へと至る。また放電の進展においても，放電が発生するまでの時間が非常に短く（$<10^{-8}$ s），電子が移動する時間のオーダである。タウンゼントの理論では，イオンが陰極まで移動しなければならず，放電が発生するまでの時間はイオンの移動時間のオーダ（$>10^{-5}$ s）になるはずであり，実際の現象と一致しない。また，放電の発光は細い筋状になっているが，タウンゼントの理論では，電離は電界に沿って一様に進行するはずであり，"細い筋状"のような二次元的構造を説明できない。

　ミーク（J. M. Meek）とロエブ（L. B. Loeb）はこのような高気圧の領域を説明するため，**ストリーマ理論**（streamer theory）を提唱した。これはγ作用を必要とせず，α作用と**光電離**（photo ionization），**空間電荷**（space charge）による電界を考慮した理論である。すなわち，偶発電子をタネとして1本の**電子なだれ**（electron avalanche）が進展し，陽極へ達する。イオンは重いので静止していると考えると，図3-6のように，電子なだれの通過後にはイオンが残され，強い空間電界を作り出す。電子なだれの進展に伴う紫外線で作り出された光電子は，イオンの空間電界で加速され，二次的な電子なだれを形成する。この電子はイオンに吸収されて中和し，ストリーマと呼ばれる細いプラズマ柱を形成する。これが陰極へと進展していき，陰極へ達すると絶縁破壊を起こす。この理論は高気圧領域の現象をよく説明している。

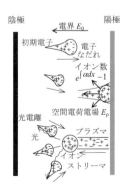

図3-6　電子なだれからストリーマへの進展[4]

ミークは電子なだれがストリーマに転換するための条件として，電子なだれの通過後に残された正イオンが作り出す電界（空間電荷電界）$E_ρ$ が，外部電界 E_0 程度になるとき（$E_ρ ≒ E_0$）と考えた。そして陽極付近の正イオンの分布を電子なだれの頭部の形状同様に球形として考え，以下の式をストリーマ開始条件とした。

$$E_ρ = \frac{Q}{4πε_0 r^2} = E_0 \tag{3.29}$$

ここで r は正イオンが分布する球の半径，Q は正イオンによる空間電荷量である。球内部のイオン密度を一定 n_i とすると，Q は半径 r の球の体積とイオンの密度との積として表すことができ，これを用いると空間電荷電界 $E_ρ$ は以下のようになる。

$$E_ρ = \frac{(4/3)πr^3 n_i e}{4πε_0 r^2} = \frac{n_i}{3ε_0} er \tag{3.30}$$

図3-7に示すように，電子なだれが陰極表面からスタートして，x だけ進んだとき，長さ dx の短い円柱で発生するイオンは，式(3.9)を $n_0 = 1$ として x で微分することで，$α\exp(αx)dx$ と求まる。これを円柱の体積 $πr^2 dx$ で割ると，イオン密度が以下のように求まる。

$$n_i = \frac{αe^{αx}dx}{πr^2 dx} = \frac{αe^{αx}}{πr^2} \tag{3.31}$$

r は一次元の拡散を考えると，

$$r = \sqrt{2D_e t} = \sqrt{2D_e \cdot (x/v_e)} = \sqrt{\frac{2D_e x}{μ_e E_0}} \tag{3.32}$$

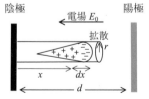

図3-7　電子なだれ頭部の半径と電子密度の計算[4]

3.2 絶縁破壊理論

となる。ここでD_eは電子の拡散定数，v_eは電子の電界中での移動速度（ドリフト速度），μ_eは電子の移動度である。平板電極間などの平等電界中ではストリーマが発生すると電極間を進展して絶縁破壊を起こす。したがって，このような場合の火花条件は$E_0 = E_p$より，次式で表される。

$$E_0 = \frac{n_i}{3\varepsilon_0}er = \frac{1}{3\varepsilon_0} \cdot \frac{\alpha e^{\alpha d}}{\pi r^2}er = \frac{\alpha e^{\alpha d}}{3\varepsilon_0 \pi \sqrt{\frac{2D_e d}{\mu_e E_0}}}e \quad (3.33)$$

ただしdは電子なだれの移動距離で，陰極からスタートしたと仮定している。1気圧の乾燥空気中で電極間隔が1 cmの場合に上の式を用いて破壊電圧を求めると32.2 kVとなり，これは実測値31.6 kVとよく一致する。また，式(3.33)のストリーマ条件は，指数の項$\exp(\alpha d)$が他の項に比べ急に大きくなる。実験値を用いて計算すると，指数αdがおおよそ15～20で火花条件を満たす。この値はタウンゼントの火花条件で求まる2.3～3.0に対して大きい。空気やSF$_6$などの電子を付着する性質を持った電気的負性ガスの場合を含めてこの条件を書き表すと，

$$\bar{\alpha} \cdot d = (\alpha - \eta) \cdot d = K \quad \text{ただし，} K:\text{定数} (\fallingdotseq 20) \quad (3.34)$$

となる。ここで$\bar{\alpha}$は実効電離係数，ηは電子付着を表す係数で，単位長さだけ電子が移動する際に電子付着を起こす割合として定義される。窒素のような付着しない（負イオンを作らない）ガスでは$\eta = 0$となり，式(3.34)は$\bar{\alpha}d = \alpha d = K$となる。これらは1個の初期電子が$10^8$オーダに増えるときに火花が起こることを意味する。

タウンゼントの理論もミークのストリーマ理論も，平行平板電極間に一様な電界がかかっていることが前提である。これらの理論によれば，1気圧の乾燥空気の場合には電極間隔1 cmのときに約30 kVで絶縁破壊が予測され，実験結果とも一致する。しかし，図3-8のように針のような尖った電極と平板電極との間に電圧をかけると，同じ間隔でもかなり低い電圧で絶縁破壊が起きる。その原因は，尖った電極付近の電界がひずみ，局部的に電界が強まるからである。この電界の強い所で局部的に電離が起こり，プラズマの発光も局部的に発

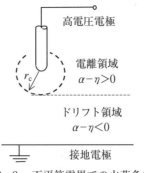

図3-8 不平等電界での火花条件

生する。この状態を**コロナ放電**（corona discharge）と呼ぶ。

電離係数 α は電界 E の関数であるので，電界が位置 x の関数 $E(x)$ であるなら，α も x の関数 $\alpha(x)$ である。また，電子なだれは電離領域にのみ存在するので，不平等電界中の部分破壊の発生条件は，式（3.34）の $\bar{\alpha}d$ を，$\int_0^{r_c-} \bar{\alpha}dx$ とおきかえて，

$$\int_0^{r_c-} \bar{\alpha}dx = \int_0^{r_c}(\alpha-\eta)dx = K \tag{3.35}$$

となる。ただし r_c は電離が起こる領域（$\alpha-\eta>0$）の長さである。

3.2.4 長ギャップ放電の進展過程

タウンゼントやストリーマの火花条件を満たすと放電を起こし，プラズマ状態へと移行する。放電開始直後（$t=0$）には荷電粒子数は少なく，電界分布を考える上では真空媒体とみなせるので，電極間の電位分布は図3-9の破線のように，直線状になる。放電が始まると，α 作用により，多量の電子とイオンが陽極近傍に発生する。これらの電荷量が陽極の表面電荷量と等しくなると，空間電荷が表面電荷を遮蔽し，図3-9の実線のように，陽極付近に電圧降下部（陽極降下領域）を介して平坦部（プラズマ）が現れる。この結果，陰極近傍の電界が上がり（陰極降下領域），電子が加速されて衝突電離による電離増倍が盛んになり，プラズマ密度が増える。最終的には，$t=\infty$ に示すような，

3.2 絶縁破壊理論

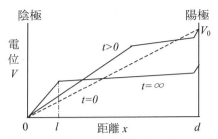

図3-9 絶縁破壊から定常プラズマ状態になるまでの電位分布の変化[5]

グロー放電（glow discharge）やアーク放電（arc discharge）などの定常な放電形態へと落ち着く。

ストリーマは速度 1×10^6 m/s 程度で進展するので，イオンや中性粒子が加熱される前にもう一方の電極まで到達する。このため電極間隙には電子のエネルギーだけが高く，イオンや中性粒子のエネルギーは低い**非熱平衡プラズマ**（non-thermal equilibrium plasma）が現れる。ところが電極の間隔が数十 cm を超える長ギャップでは，ストリーマが進展するまでに時間がかかるため，電極に近いストリーマのイオンや中性粒子が過熱される。この結果，ストリーマが伸びている段階で**熱電離**（thermal ionization）が起こる。そして温度が6千度以上になるような熱プラズマへと移行する。この状態を**リーダ放電**（leader discharge）と呼ぶ。リーダが発生すると，図3-10のように，リーダの先に複数のストリーマが伸びる。またこの先には無数の電子なだれが飛び込んで，ストリーマを先へ先へと伸ばしていく。リーダとストリーマは，細い筋状の放電という点では似ているが，前者は熱電離により荷電粒子が生じる熱プラズマ，後者は衝突電離による低温プラズマ（イオンや中性粒子の温度が室温に近いプラズマ）なので，それらの物理量も異なる。一例を表3-3に示す。ストリーマに比べリーダは，温度が高い，電子密度が大きい，電界が小さいなどの特徴がわかる。リーダがもう一方の電極へと達すると，一般には非熱平衡であるグロー放電でなく，熱プラズマであるアーク放電へと移行する。

雷は放電の長さが数 km にも及ぶ壮大な自然現象である。その規模のあまり

の大きさに実験室レベルの放電現象と異なるメカニズムで生じるように感じるが，電極間隔が数 km の長ギャップ放電とみなせる。放電が始まるのは雷雲からの場合も，大地からの場合もある。しかし両者の場合とも，コロナ放電やストリーマに相当する前駆現象からはじまり，リーダが伸び絶縁破壊に至る。雷の放電進展の様子を図 3-11 に示す。雷の場合は，特に，最初に伸びるリーダは階段状に伸びることから**ステップリーダ**（**階段状先駆放電**；stepped leader stroke）と呼ばれている。一回で伸びる長さは約 50 m で，平均的な進展速度は 1.5×10^5 m/s である。これが大地もしくは雷雲に達すると，先駆放電が作ったプラズマの道を強い発光が戻っていく。これを**リターンストローク**（**帰還雷撃**；return leader stroke）と呼んでおり，進行速度は約 5×10^7 m/s と光速の 1/6 程度である。これは電線を伝わる波（分布定数線路）と同様に考えることができる。このとき流れる電流は 10-20 kA である。そして少し時間をおいて，再びリーダが伸びる。これは**ダートリーダ**（**矢形先駆放電**；dart leader stroke）と呼ばれており，ステップリーダと区別される。雷では通常 3-4 回程度，先駆放電と帰還雷撃を繰り返す。詳しくは 4 章で学ぶ。

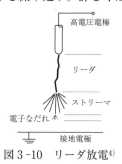

図 3-10　リーダ放電[4)]

表 3-3　ストリーマとリーダの諸量の比較[4)]

	ストリーマ	リーダ
電界強度[kV/cm]	4〜7	0.1〜1
直径[mm]	0.01〜0.03	0.5〜5
温度[K]	330	1,000〜10,000
電子温度[eV]	6.9〜12	0.12〜2.5
電子密度[cm^{-3}]	10^{13}〜10^{15}	$(1〜4) \times 10^{18}$
進展速度[m/s]	$(0.6〜1) \times 10^6$	$\sim 1.5 \times 10^4$

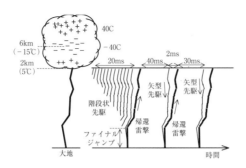

図 3-11 雷放電の進展過程[4]

3.2.5 火花遅れと V-t 特性

ここまで印加電圧は直流を想定して, 初期電子が存在していることを前提に, 絶縁破壊や放電開始について学習した。では印加電圧がパルスの場合は, 絶縁破壊特性はどのように変わるだろう？特に, 長ギャップ放電の場合は, 雷インパルスや開閉インパルスといったパルス電圧が一般に用いられる。この場合, 初期電子の発生や放電形成に時間を要するため, 直流の破壊電圧 V_s になっても直ちに破壊せずに, 図 3-12 に示すように, ある時間 t 後に破壊する。この時間 t を**火花遅れ** (time lag) という。火花遅れは, 初期電子が出現するまでの時間 t_s と, 初期電子が出現して火花（放電）が形成されるまでの時間 t_f の和で, 前者を**統計遅れ** (statistical time lag), 後者を**形成遅れ** (formative time lag) という。すなわち以下となる。

$$t = t_s + t_f \tag{3.36}$$

火花遅れの測定回数を N, そのうち火花遅れが t 以上の回数を n とすると, n/N は次式となる。

$$\frac{n}{N} = \exp\left[-\int_0^t \rho_1 \rho_2 \beta dt\right] \tag{3.37}$$

ただし, β は電極への紫外線照射などによるギャップ中の電子生成率, ρ_1 はギャップ中の電離可能領域に電子（初期電子）が出現する確率, ρ_2 は初期電子

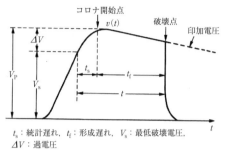

t_s：統計遅れ，t_f：形成遅れ，V_s：最低破壊電圧，
ΔV：過電圧

図3-12　火花遅れ[3)]

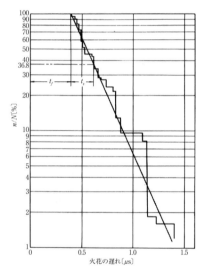

図3-13　ラウエプロット[3)]

が火花を形成する確率である。球ギャップの n/N は，

$$\frac{n}{N} = \exp\left[-\frac{t-t_f}{t_s}\right] \tag{3.38}$$

と表される。n/N と t の関係を示す曲線を**ラウエプロット**（Laue plot）と呼び，片対数（ln n/N と）をとると，図3-13に示すように，ほぼ直線となる。この場合，$n/N = 1$ のときの t が t_f，$n/N = 0.368$ のときの t が $t_f + t_s$ となる。

同一波形で波高値の異なるインパルス電圧をギャップに印加するとき，それ

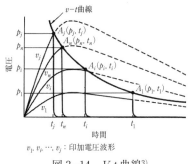

$v_1, v_i, \cdots, v_j$：印加電圧波形

図 3-14　V-t 曲線[3]

それの電圧波形に対して，図 3-14 に示すようなタイミングで破壊したとする。電圧の波尾で破壊した場合は波高値 p_i と破壊までの時間 t_i に対する点 A_i (p_i, t_i) を取り，波頭の場合は破壊点の電圧と時間を取って，それぞれの点 A_i を結ぶとき，得られた曲線を電圧-時間曲線（V-t 曲線；V-t curve）と呼び，絶縁設計に用いられる。

3.3　プラズマの性質

プラズマ（plasma）とは気体が絶縁破壊して放電している状態であり，気体を構成する原子・分子のかなりの数が電離している状態である。空気を放電させるとその主成分である窒素 N_2，酸素 O_2 が励起・解離・電離して，N_2^* や O_2^* の励起分子，N や O の原子，N_2^+, N^+, O_2^+, O_2^-, O^- などの正・負イオンが生成される。このような状態になった分子や原子が元の安定な基底状態に戻ろうとすると，それらの分子や原子に特有の光（電磁波）を放出する。気体放電で発生しているプラズマは多くの場合可視光を放つので，プラズマからの発光が観測される。したがって，気体と違って電子，イオンを主とする荷電粒子群を含むプラズマは特徴ある振る舞いを示す。ここではそれらの振る舞いを学ぶ。

3.3.1　プラズマ温度と密度

プラズマの状態を表すうえで，プラズマの温度と密度は重要である。通常わ

れわれをとりまく生活空間において，温度といえば気体温度（単位 [K]，慣習としては [℃] が用いられる）を指す．空気分子の単位体積中に占める個数が密度（単位 [個/m³]，通常は「個」を省略して [m⁻³] で表す）である．

電離気体であるプラズマにおいては，電界で加速されて高速で運動する電子の温度と，電子との衝突電離で発生するイオンの温度，および中性の原子・分子の温度は，一般に異なるので，別々に定義する必要がある．ここでそれぞれの温度を電子温度 T_e，イオン温度 T_i，中性気体温度 T_n とする．密度については電子密度 n_e，イオン密度 n_i，原子・分子等の中性粒子密度 n_n とそれぞれ個別に定義する．各粒子群においては熱平衡にあるとき，温度と密度の間には

$$p_e = n_e k T_e = \frac{1}{3} m_e n_e \overline{v_e^2} \tag{3.39a}$$

$$p_i = n_i k T_i = \frac{1}{3} m_i n_i \overline{v_i^2} \tag{3.39b}$$

$$p_n = n_n k T_n = \frac{1}{3} m_n n_n \overline{v_n^2} \tag{3.39c}$$

$$\frac{1}{2} m_e \overline{v_e^2} = \frac{3}{2} k T_e \tag{3.40a}$$

$$\frac{1}{2} m_i \overline{v_i^2} = \frac{3}{2} k T_i \tag{3.40b}$$

$$\frac{1}{2} m_n \overline{v_n^2} = \frac{3}{2} k T_n \tag{3.40c}$$

の関係がある．ここで，p_e, p_i, p_n は電子，イオン，中性粒子による圧力である．m_e, m_i, m_n は各質量，$(\overline{v_e^2})^{1/2}, (\overline{v_i^2})^{1/2}, (\overline{v_n^2})^{1/2}$ は各粒子の熱速度（平均２乗速度）である．したがって，プラズマ中の電子，イオン，中性粒子の平均運動エネルギーは，式 (3.40) で示すようにそれぞれの温度に関係している．このように各粒子については温度と密度を規定しなければならないが，一般にプラズマの状態は電子温度と電子密度の関係で表すと，特徴がよく整理できて便利である（図 3-15）．ここで電子温度の単位として，**電子ボルト**（単位 [eV]）がよく使われる．1 eV は電子が 1 V の電位差のところで加速されたときに得るエネルギーなので，1.6×10^{-19} J である．化学的には 11,600 K の温度に相当する．

3.3 プラズマの性質

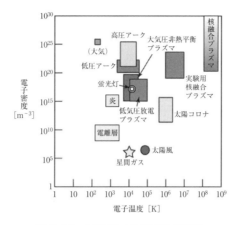

図 3-15　プラズマの密度と温度[4]

　プラズマ中の電子とイオンは多くの場合ペアとなって発生している。そのため，プラズマ全体からみれば個数はほぼ同数（$n_e \fallingdotseq n_i$であり，電気的にはプラズマはほぼ中性である。プラズマ発生前の気体分子の密度に対して，電離した気体密度の割合を**電離度**（ionization degree）という。発生したプラズマ中の密度で表すと

$$\chi = \frac{n_e}{n_n + n_e} \tag{3.41}$$

となる。図 3-15 において，常温での大気の分子密度は 10^{25} m^{-3} のオーダである。低気圧グロー放電は気圧 $1 \sim 10^3$ Pa（大気圧の約 $1/10^5 \sim 1/10^2$）で生成できる。気体の状態方程式（3.39）より，低気圧での分子密度 n_n は $10^{20} \sim 10^{23}$ m^{-3} のオーダとなる。図より電子密度 n_e は $10^{14} \sim 10^{17}$ m^{-3} のオーダであり，n_e や n_i は n_n より数桁小さくなる。このときの電離度は $\chi \ll 1$ となり，これを**弱電離プラズマ**（weakly ionized plasma）という。$\chi = 1$ のプラズマは，**完全電離プラズマ**（fully ionized plasma）という。

3.3.2 デバイ長

電気的に中性なプラズマ中に，正の点電荷 q を挿入するとその周りには電子が集まるので，この外乱をうち消すように作用する（図3-16）。点電荷 q から距離 r の地点での電位分布 $\varphi(r)$ は

$$\varphi(r) = \frac{q}{4\pi\varepsilon_0 r} \exp\left(-\frac{r}{\lambda_\mathrm{D}}\right) \tag{3.42}$$

となり，距離 r とともに急激に減衰する。挿入した点電荷が及ぼす距離の目安は，λ_D を**デバイ長**（Debye length）といい，

$$\lambda_\mathrm{D} = \left(\frac{\varepsilon_0 k T_\mathrm{e}}{n_\mathrm{e} e^2}\right)^{1/2} \tag{3.43}$$

である。λ_D よりもっと遠いところには挿入した電荷の影響は及ばない。この現象は**デバイ遮へい**（Debye shielding）である。したがって，プラズマが電気的に中性であるためには，プラズマの寸法 L はデバイ長 λ_D より十分に大きくなければならない。また，デバイ長 λ_D 内には十分な数の電子が存在することが必要である。これらの関係を表すと

$$L \gg \lambda_\mathrm{D} \gg n_\mathrm{e}^{-1/3} \tag{3.44}$$

が成り立つことが，プラズマの特徴である。

実際のプラズマ中には導体を挿入し，電圧をかけると電極をつつみこむよう

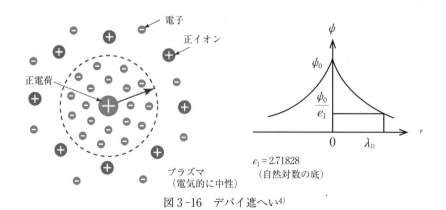

図3-16　デバイ遮へい[4]

に電荷が集まるので、シース（sheath）と呼ばれる空間電荷層が形成される（シースとは刀の鞘をイメージすればよい）。シースの厚さはデバイ長の数倍程度である。

3.3.3 プラズマ振動

電界のパルス的な印加や電子ビームの入射からプラズマ中の密度分布に揺らぎが発生するので、図3-17のように電子群とイオン群の局所的な変位が生じたとする。そのため電界が生じ、質量の軽い電子はクーロン力によって引き戻されるが、慣性のために平衡となる位置をすぎてしまう。その結果再び密度の揺らぎが生じて電子は駆動されるので、電子群の集団的な振動が発生する。このような現象を**プラズマ振動**（plasma oscillation、もしくは発見者の名にちなんで、ラングミュア振動, Langmuir oscillation）と呼ぶ。プラズマ振動の角周波数は

$$\omega_e = \left(\frac{n_e e^2}{\varepsilon_0 m_e}\right)^{1/2} \tag{3.45}$$

であり、**電子プラズマ振動数**（electron plasma frequency）と呼ぶ。プラズマ振動による変位はデバイ長程度である。

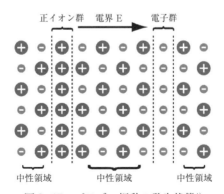

図3-17　プラズマ振動の発生状態[4)]

3.3.4 プラズマのミクロな取り扱い

荷電粒子からなるプラズマには，熱や光，化学的に活性なエネルギー状態，波動現象などに関連した多様で特徴的な応用がある。これらの応用を可能とするためには，その基礎としてプラズマの粒子的な側面や流体としての側面，もしくはその中間としての性質を運動論的に取り扱うことが必要である。ここではプラズマの代表的な考え方についてみていく。

プラズマ中に存在する荷電粒子の1個1個に着目して，ミクロ（微視）的な視点からプラズマの挙動を理解する。これは次節で述べるマクロ（巨視）的取り扱いとは対照的な関係である。電界 E と磁界 B が存在する場で，重力や衝突を無視した場合の1個の荷電粒子の運動は下の運動方程式で表される。

$$m\frac{dv}{dt}=q(E+\mathbf{v}\times B) \tag{3.46}$$

ここでは，プラズマを制御する観点から重要となる基礎的な荷電粒子の運動について，次の2つの場合を取り上げる。

1) 一様な直流磁界だけが存在する場合の荷電粒子の運動

いま図3-18に示すような磁界だけが存在する場において，荷電粒子の速度 v は磁界 B （$=B\mathbf{i}_z$）に垂直とすると，式 (3.46) は次のように x 成分と y 成分に分けられる。

$$m\frac{dv_x}{dt}=qv_yB \tag{3.47}$$

$$m\frac{dv_y}{dt}=-qv_xB \tag{3.48}$$

もう一度微分して各成分で整理すると

$$\frac{d^2v_x}{dt^2}=-\omega_c^2 v_x \tag{3.49}$$

$$\frac{d^2v_y}{dt^2}=-\omega_c^2 v_y \tag{3.50}$$

となる。ここで角周波数 ω_c は**サイクロトロン周波数**（cyclotron frequency）と

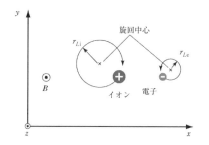

図3-18　一様磁界中での荷電粒子の運動[4]

呼ばれ,

$$\omega_c = \frac{|q|B}{m} \tag{3.51}$$

でなる。式 (3.49), 式 (3.50) の解は次式である。

$$v_x = v\cos(\omega_c t + \varphi_0) \tag{3.52}$$
$$v_y = -v\sin(\omega_c t + \varphi_0) \tag{3.53}$$

v は速度 v の大きさであり, φ_0 は任意の位相である。式 (3.52) (3.53) を積分して荷電粒子の位置を求めると

$$x = r_L \sin(\omega_c t + \varphi_0) + x_0 \tag{3.54}$$
$$y = r_L \cos(\omega_c t + \varphi_0) + y_0 \tag{3.55}$$

となる。ここで r_L は

$$r_L = \frac{v}{\omega_c} \tag{3.56}$$

である。式 (3.54), 式 (3.55) から時間 t を消去すると軌跡は円となる。荷電粒子は (x_0, y_0) を旋回中心 (guiding center) とする円運動を行うことがわかる。r_L を**ラーモア半径** (Larmor radius) と呼ぶ。

電子とイオンでは質量が大きく違うため, 式 (3.51), 式 (3.56) より, 電子はイオンに比べると, 小さな半径を早く回転することがわかる。また, 電子とイオンの回転する向きは逆なので, 外部磁界を打ち消す方向に回転する。したがって, プラズマは反磁性体としての性質をもつ。

2) 一様な直流電界と直流磁界が存在する場合の荷電粒子の運動

図3-19に示すように，一様な磁界 B ($= B\boldsymbol{i}_z$) に加えて一様な電界 E ($= E\boldsymbol{i}_y$) がある場合の荷電粒子の運動を考えてみよう。式（3.46）は x 成分と y 成分に分けると次のように表される。

$$m\frac{dv_x}{dt} = qv_y B \tag{3.57}$$

$$m\frac{dv_y}{dt} = qE - qv_x B \tag{3.58}$$

もう一度微分して各成分で整理すると，

$$\frac{d^2 v_x}{dt^2} = -\omega_c^2 \left(v_x - \frac{E}{B}\right) \tag{3.59}$$

$$\frac{d^2 v_y}{dt^2} = -\omega_c^2 v_y \tag{3.60}$$

となる。さらに式（3.53）は

$$\frac{d^2}{dt^2}\left(v_x - \frac{E}{B}\right) = -\omega_c^2 \left(v_x - \frac{E}{B}\right) \tag{3.61}$$

と書き直せる。式（3.61）は式（3.49）の v_x を v_x-(E/B) で置き換えたものなので，v_x, v_y は

$$v_x = v\cos(\omega_c t + \varphi_0) + \frac{E}{B} \tag{3.62}$$

$$v_y = -v\sin(\omega_c t + \varphi_0) \tag{3.63}$$

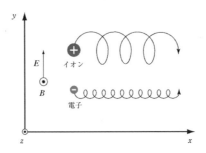

図3-19　一様磁界中での荷電粒子の運動[4]

となる。粒子の運動は回転運動とx軸の正方向への旋回中心のドリフト運動が加わったものとなり，荷電粒子は図3-19に示すようなトロイダル曲線を描きながら運動する。ドリフト速度v_Dは

$$v_D = \frac{E \times B}{B^2} \tag{3.64}$$

で表す。これを$E \times B$ドリフトという。磁界に垂直な電界があれば，電子もイオンもベクトル積$E \times B$の方向に同じ速度で移動することになる。

3.3.5 プラズマのマクロな取り扱い

プラズマは多数の電子，イオン，中性粒子から構成されている。図3-15でも示したが，典型的なプラズマの密度は1 m³あたり10^{16}個もある。そのため粒子間の衝突が多く，連続的に多数ある電子の一つ一つを区別してその軌跡を追跡することは不可能である。このような場合は，電子が連続的に存在しているので，ある位置における集団としての電子群の平均の速度u（単一粒子としての運動ではないので，速度はuを用いる）や平均の密度nが判明すればよい。これはプラズマを流体として扱うことに相当する。ただしこの場合には，プラズマは後述する局所熱平衡を仮定する必要がある。このように考えると，速度uや密度nは位置rと時間tの関数となるので，マクスウェルの分布関数を用いて定義された物理量となる。

プラズマを構成する荷電粒子群について考えると，速度$u(r,t)$や密度$n(r,t)$はプラズマの流体方程式から求められる。プラズマの流体方程式は質量保存，運動量保存，エネルギー保存に関する各関係式から構成される。

連続の式（continuity equation；**粒子数保存則**）は

$$\frac{\partial n}{\partial t} + \nabla \cdot (nu) = G - L \tag{3.65}$$

である。右辺は電離Gと再結合Lからなる単位体積当たりの粒子数の増減を表す。

運動方程式（equations of motion；**運動量保存則**）は

$$mn\left\{\frac{\partial \boldsymbol{u}}{\partial t}+(\boldsymbol{u}\cdot\nabla)\boldsymbol{u}\right\}=qn(\boldsymbol{E}+\boldsymbol{u}\times\boldsymbol{B})-\nabla p-mn\nu\boldsymbol{u} \tag{3.66}$$

と表す．ここで m は粒子の質量，p は圧力であり，ν は衝突周波数である．

断熱変化の場合，エネルギーの式（エネルギー保存則）の積分より

$$p(mn)^{-\gamma}=C \tag{3.67}$$

の関係となる．ここで C は定数であり，γ は定圧比熱と定積比熱の比である．式 (3.65) ～式 (3.67) より，速度 $u(r,t)$，密度 $n(r,t)$，圧力 $p(r,t)$ が決定する．ただし，運動方程式 (3.66) 内の E, B は，マクスウェルの電磁方程式により決定する．速度や密度とともに，重要なプラズマ内の電子の温度 T_e に関しては式 (3.39a) の状態方程式（$p_e = n_e k T_e$）から求められる．このようにして，プラズマの挙動をマクロ（巨視的）に理解する方法があり，プラズマの構造や特性を研究するのに用いられている．

3.3.6 熱平衡プラズマと非熱平衡プラズマ

気体圧力が $1 \sim 10^3$ Pa 程度の低気圧で発生するグロー放電によるプラズマ中は，電子は電界によりエネルギーを供給される．中性粒子との衝突においてもエネルギー損失が小さいので，電子温度 T_e は $1 \sim 10$ eV 程度ときわめて高い．イオンは電界よりエネルギーを供給されても，ほぼ同じ質量をもつ中性粒子との衝突でエネルギーを失うので，T_i は T_e に比べて 2 桁ほど低い．中性気体温度 T_n は室温からその数倍程度なので，$T_e \gg T_i > T_n$ の関係が成立する．このようなプラズマを**非熱平衡プラズマ**（non-thermal equilibrium plasma），あるいは**低温プラズマ**（cold plasma）と呼ぶ．

一方，宇宙における星や核融合プラズマでは $T_e = T_i = T_2$ の関係である．このようなプラズマを**熱平衡プラズマ**（thermal equilibrium plasma）という．気体圧力が 10^4 Pa を越える高気圧で発生する放電では，各粒子間での衝突が頻繁に起こる．プラズマ中の局所的な場所では，ほぼ $T_e \fallingdotseq T_i \fallingdotseq T_n$ の関係が成立する．このようなプラズマを**局所熱平衡**（local thermodynamic equilibrium, LTE と略す）にあるという．大気圧中のアーク放電はこのプラズマに

属し，**熱プラズマ**（thermal plasma）と呼ぶ。一般に気圧が高くなると熱平衡プラズマ状態に移行していくが，例外もある。大気圧におけるコロナ放電やバリア放電のように，電極間の一部で電離が起こってプラズマが発生しているものや極短時間の放電の繰返しによるものは，中性気体温度は室温に近く非熱平衡プラズマである。

演習問題

(1) 電子増倍の式（3.9）を導け。
(2) タウンゼントの実験式（3.15）を導け。
(3) タウンゼントの火花条件の物理的意味について説明せよ。
(4) 火花電圧が pd に対して最小値を持つのはなぜか説明せよ。
(5) プラズマは固体，液体，気体につぐ物質の第四状態と呼ばれるが，H_2O（常温状圧では水）について各状態とプラズマ状態の関係を説明せよ。
(6) 式（3.22）を導出せよ。
(7) 式（3.24）を導出せよ。
(8) 式（3.42）で与えられる電位分布 $\varphi(r)$ を導出せよ。電子はボルツマン分布を仮定する。また，真空中に点電荷 q がある場合の距離 r の地点での電位分布と比較せよ。
(9) 次の場合のプラズマについて，デバイ長を計算せよ。
　(a) $n_e = 10^{16}\,\mathrm{m^{-3}}$，$T_e = 2\,\mathrm{eV}$ のグロー放電プラズマ
　(b) $n_e = 10^{10}\,\mathrm{m^{-3}}$，$T_e = 0.1\,\mathrm{eV}$ の電離層プラズマ
　(c) $n_e = 10^{22}\,\mathrm{m^{-3}}$，$T_e = 10,000\,\mathrm{eV}$ の核融合プラズマ
(8) 図3-17を参考に，ガウスの法則と運動方程式より，式（3.45）を導出せよ。

（実習：*Let's active learning!*）

(1) 表3-2に示す定数を用いると，おおよその絶縁破壊電圧の計算が可能となります。パッシェンの法則を利用して求めた値くらいになるか，実験で求めてみましょう。おおよそ平等電界を作り出すには球電極を使います。

平等電界の条件は, 電極間隔が, 電極の半径より小さいことです.

(2) 図3-18に示す, 荷電粒子が磁場によって軌道を変えられて起こる現象は, 自然界にも見られますし, 産業で応用もされています. まず陰極線を出す装置に磁石を近づけてみて, 軌道が曲がる様子を観察しましょう. 磁場の強さや, S極, N極を変えて, 電子の動きの違いを見ましょう. そして, 自然界の現象の代表例であるオーロラの原理, また産業で用いられている例を調べましょう.

演習解答

(1) $dn = \alpha n dx$ より, $n' - \alpha n = 0$. 一階の同時形微分方程式なので, $\lambda - \alpha = 0$, $\lambda = \alpha$. ゆえに, $n = Ae^{\alpha x}$. 初期条件より $n = n_0 e^{\alpha x}$

(2) 電子が距離 δ 進むごとに eV_i のエネルギーを得て衝突電離する. 電界を E とおくと, 距離 δ 進むときの電圧降下は δE なので,

$$\delta = V_i / E$$

電子の平均自由行程を λ とすると, 自由行程が δ より長い電子の数 n は, 全電子数 N に対して

$$\frac{n}{N} = \exp\left(-\frac{\delta}{\lambda}\right)$$

1個の電子が単位長さ進む間に電離する回数 α は

$$\alpha = \frac{n}{N}\frac{1}{\lambda} = \frac{1}{\lambda}\exp\left(-\frac{\delta}{\lambda}\right)$$

となる. ここで

$$\delta/\lambda = (E\delta)/(\lambda E) = V_i/(\lambda E)$$

として両辺を圧力 p で割ると

$$\frac{\alpha}{p} = \frac{1}{p\lambda}\exp\left[-\frac{V_i/(p\lambda)}{E/p}\right]$$

となる. ここで, $1/p\lambda = A$, $V_i/(p\lambda) = B$ とおけば式 (3.15) が得られる.

(3) 1個の初期電子が陰極をスタートして加速されながら衝突電離をしながら

陽極へ到達した時点で，電子は衝突電離により $\exp(ad)$ に増える。したがって，衝突電離により生じた正イオン数は $\exp(ad)-1$。これらのイオンが陰極に入射すると $\gamma\{\exp(ad)-1\}$ の二次電子が生成される。タウンゼントの火花条件は，この二次電子の数が１，すなわち初期電子の数と同じことを示している。これは１個の初期電子があれば，これがタネとなって電流が流れ続けて放電が持続することを意味する。すなわち，タウンゼントの火花条件は，α 作用だけでは初期電子を与えたときのみパルス状の電流が流れて終わるが，イオンによる γ 作用が十分に働くと，常に二次電子が陰極から補給されるので放電が持続することを意味する。

(4) 電極間隔 d を一定にして気圧 p を高くすると，平均自由行程 λ が短くなり，電子が λ を走る間に電界 E より得るエネルギー $W = \lambda E$ が小さくなる。電離するためには $W = eV_i$ （電離エネルギー）となる必要があり，このため印加電圧 V を上げて $E = V/d$ を大きくしないと電離しない。逆に p を下げすぎると d/λ （衝突回数）が小さくなるため，電界を強めて電離確率を大きくしなければならない。これらのため，その間にもっとも放電しやすい気圧が現れ，このとき１Ｖあたりの電離回数 (α/E) は最大となる。

(5) １気圧の水は，0℃以下では氷（固体）である。温度を上げると，0℃で融解して，水（液体）となり，0℃で気化して水蒸気（気体）となる。さらに水蒸気の温度を上げていくと，水分子 H_2O は解離して，HやOやOHとなり，数千℃になると原子は電離して電子とイオンが生成し，プラズマ状態となる。

(6) $dn_n = \eta n_e dx$ に $n_e = n_{e0}\exp\{(\alpha-\eta)x\}$ を代入して $dn_n = \eta n_{e0}\exp\{(\alpha-\eta)x\}dx$。両辺を積分して，$n_n = n_{e0}\dfrac{\eta}{\alpha-\eta}\exp\{(\alpha-\eta)x\} + A$ （ただし A は積分定数）。初期条件 $x = 0$ のとき $n_n = 0$ として解くと，$A = -n_{e0}\dfrac{\eta}{\alpha-\eta}$ なので，$n_n = n_{e0}\dfrac{\eta}{\alpha-\eta}[\exp\{(\alpha-\eta)x\}-1]$ となる。

(7) $x = d$ で，$n_e = n_{e0}\exp\{(\alpha-\eta)d\}$，$n_n = n_{e0}\dfrac{\eta}{\alpha-\eta}[\exp\{(\alpha-\eta)d\}-1]$ より，

$$n_\mathrm{p} = n_\mathrm{e} + n_\mathrm{n} - n_\mathrm{e0} = n_\mathrm{e0}\left[\exp\{(\alpha-\eta)d\}\left(1+\frac{\eta}{\alpha-\eta}\right) - \frac{\eta}{\alpha-\eta} - 1\right]$$
$$= n_\mathrm{e0}\left[\frac{\alpha}{\alpha-\eta}\exp\{(\alpha-\eta)d\} - \frac{\alpha}{\alpha-\eta}\right] = n_\mathrm{e0}\frac{\alpha}{\alpha-\eta}[\exp\{(\alpha-\eta)d\} - 1]$$

(8) 点電荷 q の位置を座標の原点にとり，点電荷 q の周りに集まってくる電子に対してボルツマン分布を仮定すると，電位 $\varphi(r)$ を表すポアソンの方程式は，

$$\nabla^2\varphi = -\frac{q}{\varepsilon_0}\delta(\boldsymbol{r}) + \frac{en\{\exp(e\varphi/kT) - 1\}}{\varepsilon_0}$$

と書ける。ここで $\delta(\boldsymbol{r})$ は

$$\int \delta(\boldsymbol{r})d\boldsymbol{r} = 1, \quad \boldsymbol{r} \neq 0 \text{ で } \delta(\boldsymbol{r}) = 0$$

で定義されるデルタ関数を表す。電子のポテンシャルエネルギーが熱エネルギーよりずっと小さいならば，

$$\exp(e\varphi/kT) \approx 1 + e\varphi/kT$$

とすることができるので，ポアソンの方程式を整理すると

$$\nabla^2\varphi - \frac{ne^2}{\varepsilon_0 kT}\varphi = -\frac{q}{\varepsilon_0}\delta(\boldsymbol{r})$$

となる。r が無限大のとき $\varphi = 0$ になるとすると，方程式の解として

$$\varphi(\boldsymbol{r}) = \frac{q}{4\pi\varepsilon_0 r}\exp\left(-\frac{r}{\lambda_\mathrm{D}}\right) \quad \text{ただし，} \lambda_\mathrm{D} = \left(\frac{\varepsilon_0 kT_\mathrm{e}}{n_\mathrm{e}e^2}\right)^{1/2}$$

が得られる。

一方，真空中に点電荷 q がある場合の距離 r の地点での電位分布 $\varphi_0(\mathrm{r})$ とすると，$\varphi_0(\mathrm{r})$ は

$$\varphi_0(\boldsymbol{r}) = \frac{q}{4\pi\varepsilon_0 r}$$

である。$\varphi(\boldsymbol{r})$ は $\varphi_0(\boldsymbol{r})$ に比べて r の増加に対して速やかに減衰することがわかる。

(7) (a) 10.51×10^{-5} m

(b) 2.43×10^{-2} m

(c) 7.43×10^{-6} m

(8) 電子群の幅を x，密度を n_e，単位面積当たりで考えると，電界の大きさは，

ガウスの法則より $E=-\dfrac{n_e e x}{\varepsilon_0}$。これによるクーロン力は，$f=-eE$ $=\dfrac{n_e e^2 x}{\varepsilon_0}$。運動方程式は，$f=m_e\dfrac{d^2 x}{dt^2}$。ゆえに，$x''-\dfrac{n_e e^2}{\varepsilon_0 m_e}x=0$。ここで，$x=A\sin\omega_e t$とおく，$x''=-\omega_e^2 A\sin\omega_e t$なので，$x''-\omega_e^2 x=0$。ゆえに，$\omega_e=\left(\dfrac{n_e e^2}{\varepsilon_0 m_e}\right)^{1/2}$

引用・参考文献

1) 花岡良一：高電圧工学，森北出版，2007．
2) 京都ハイパワーテクノロジー研究会編：パルスパワー工学の基礎と応用，近代科学社，1992．
3) 原雅則・秋山秀典：高電圧パルスパワー工学，森北出版，1991．
4) 秋山秀典編著：高電圧パルスパワー工学，オーム社，2003．
5) 菅井秀郎：プラズマエレクトロニクス，オーム社，2000．
6) 赤﨑正則，村岡克紀，渡辺征夫，蛯原健治：プラズマ工学の基礎（改訂版），産業図書，2001．
7) 林　泉：高電圧プラズマ工学，丸善株式会社，1996．
8) F. F. Chen 著，内田岱二郎訳：プラズマ物理入門，丸善，1984．
9) 堤井信力，小野　茂：プラズマ気相反応工学，内田老鶴圃，2000．
10) 小沼光晴：プラズマと成膜の基礎，日刊工業社，1986．
11) 高村秀一：プラズマ理工学入門，森北出版，1999．
12) M. A. Lieberman, A. J. Lichtenberg: Principles of Plasma Discharges and Material Processing, John Wiley & Sons, Inc. 1994.

4章 放電によりプラズマを発生させる

気体が絶縁破壊したあと「**物質の第4状態**（the fourth state of matter）」*として「**プラズマ**（plasma）」**が生成する。固体や液体においても絶縁破壊するとプラズマ状態になることが知られている。本章では，主に気体放電によるプラズマの発生について学ぶ。また放電には多くの種類があることやその特徴を理解する。

4.1 低気圧気体中における放電

4.1.1 暗放電から発光するグロー放電へ，そしてアーク放電へ

ガラス管内に2枚の金属電極を対向して設置し，管内を真空ポンプで排気する。水素やアルゴンなどの放電用の気体を入れて，1〜100 Pa 程度の気圧にして直流電圧を電極間に印加して，徐々に電圧をあげていくと放電が発生できる。図4-1に代表的な**直流グロー放電**（dc glow discharge）の電圧—電流の特性を示す。目にみえない**暗流**（dark current）から**タウンゼント放電**（Townsend discharge）となり，そこから一気に絶縁破壊すると**グロー放電**（glow discharge）（正規グローと呼ばれる）に移行する。図4-2はそのときのガラス管内の発光の様子である。グロー放電は陰極付近の電圧降下部での電子衝突（α作用）による電離，電子を供給するための陰極での二次電子放出（γ作用）により維持される。図4-2において陰極より陰極暗部，負グロー，ファラデー暗部，陽光柱，陽極降下部と呼ばれる構造からなり，場所によって明暗ができ，放電するガスにより発光スペクトルが異なる。電気的な特徴とし

---

* クルックス（W. Crookes）がはじめて用いた言葉である（1897）
** ラングミュア（I. Langmuir）がギリシャ語の「型にいれて作られたもの」という言葉をもとに放電管の内部を埋めつくすことから命名した（1923）

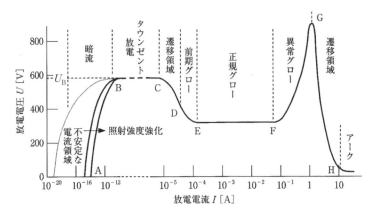

図4-1　低圧直流放電の遷移（Neガス，1 mmHg = 133 Pa）[2]

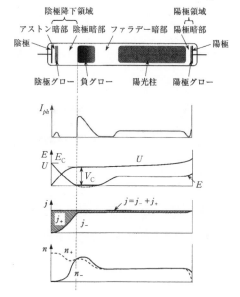

図4-2　グロー放電の構造と電気的諸特性の電極間分布
（分布特性は上から電界・電位，電流密度，電荷密度を示す）

て，負グローの領域から陰極にかけて電界が増強しイオンの加速が大きくなるため，陰極からの電子放出が可能となり，生成した二次電子は陽光柱へと供給される。

安定したグロー放電からさらに放電の電流を増加させると陰極全面が負グローで覆われ，さらに電圧・電流が増加すると**アーク放電**（arc discharge）となる．

4.1.2 電源の周波数をあげて高周波・マイクロ波放電を発生させる

直流の放電を維持させるには陰極からの電子供給が必要であるが，電源を交流にすると，電子や正イオンは電圧の半周期ごとに移動する方向が逆転して，それぞれ電極に入っていく．周波数を高くしていくと，まず正イオンが電極間を往復するだけとなる．さらに周波数を上げると電子も電極間に捕獲される．この現象を利用して衝突電離作用だけでプラズマを発生させる方式が**高周波放電**（rf discharge）や**マイクロ波放電**（microwave discharge）である．高周波放電は周波数が 10kHz～100MHz の放電であり，通常 13.56MHz の産業用高周波が利用される．マイクロ波放電は主として周波数 2.45GHz の産業用マイクロ波が利用される．

(a) 容量結合型高周波プラズマ

この方式は図 4-3 のように真空容器（真空チャンバー）の内部に 2 枚の平行平板電極を設置して高周波電界を印加して，**容量結合型プラズマ**（capacitively coupled plasma；CCP）を発生させる．供給するガスを選択することで反応性プラズマが発生でき，プラズマプロセスに適した大容量のプラズマを発生することができる．

(b) 誘導結合型高周波プラズマ

この方式は図 4-4 のように，低圧にしたガラス管の外側に巻いた数回巻きのコイルに高周波電流を流すことにより，**誘導結合型プラズマ**（inductively coupled plasma；ICP）を発生させる．電極が直接プラズマと接触しないため，電極からの汚染が少ないプラズマが得られる．ICP 発光分光分析装置と呼ばれる元素分析用のプラズマ源として利用されている．

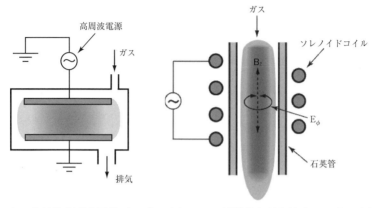

図4-3 容量結合型高周波プラズマ発生装置

図4-4 誘導結合型高周波プラズマ発生装置

例題4.1

ICP プラズマの発生原理について考えてみよう。どのようにして電子は加速し，衝突電離が起きるのであろうか。

解答

コイルに高周波電流が流れると，ガラス管内には軸方向に高周波磁界が生じる。ファラデーの電磁誘導の法則より次の関係式（マクスウェルの方程式）

$$\nabla \times E = -\frac{\partial B}{\partial t} \tag{4.1}$$

から，時間的に変化する磁界 B_z により方位角方向に誘導電界 E_φ が発生して，この電界により電子が加速され放電が発生する。

(c) マイクロ波放電プラズマ

放電用の電源の周波数がマイクロ波帯（300 MHz～3000 GHz）になると電磁波の波長とプラズマ容器の大きさは同程度となり，各種のマイクロ波モードが利用できる。プラズマ容器として共振器を形成することで効率的にプラズマが発生できる。図4-5は電子レンジでも使われているマグネトロンで発振し

4.1 低気圧気体中における放電

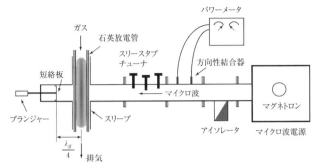

図4-5 マイクロ波放電プラズマ発生装置
(λ_g：マイクロ波の管内波長)

た 2.45 GHz の電磁波を利用するマイクロ波放電発生装置である。電源からリアクターまで電力を輸送する導波管，電力測定用の方向性結合器，整合をとるためのスリースタブチューナー (three stub tuner)，反射波から電源を保護するアイソレータ (isolator) などを用いて立体回路を構成することが必要となる。矩形導波管の幅の広い面に円形の開口を設け，導波管内の電界と平行になるよう石英管を通し，導波管端のプランジャー (plunger) を調整して管内の電界強度を高めてプラズマを発生させる。低電力の放電には同軸ケーブルが使用でき，各種の空洞共振器（マイクロ波キャビティー）が市販されている。

4.1.3 放電に磁場を印加する

電界が印加されている放電場に磁界を印加することは，ローレンツ力による制御を可能にする。特に粒子の平均自由行程が長くなる 1 Pa 以下の低気圧においては，プラズマ密度の高密度化を達成する上で有用な技術となる。図4-6に示すように平行平板電極の陰極近傍で平板電極と平行に磁界をかけて放電させる方式を**マグネトロン** (magnetron) **放電**という。電子が $E \times B$ ドリフトによる運動を行い，陰極上にリング状のプラズマが発生する。プラズマ中のイオンはターゲット（陰極）材料をスパッタし，対向して置かれた基板上に薄膜を形成する。絶縁性材料の薄膜化には高周波電界に直交する磁界を印加する方式が採られる。

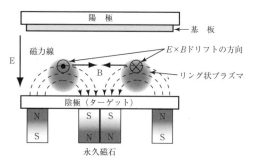

図4-6 直流マグネトロン放電の電極構成

4.2 高気圧気体中では放電はどうなるか

4.2.1 コロナ放電という部分放電

　大気圧中に置かれた針対平板電極に直流の高電圧を印加すると，強電界となる針先近傍だけが電離した**部分放電**（partial discharge）が発生する。この放電は**コロナ放電**（corona discharge）と呼ばれ，図4-7に示すような不平等電界を形成する電極系を用いる。針電極を細い線電極にすると線に沿って放電が発生する。高圧の送電線では，雨天時などに電線に付着した水滴が先鋭化して，コロナ放電が発生することがある。コロナ放電はきわめて微弱な発光であるため，周囲を暗くしないと観測できない。図4-8は正極性直流コロナ放電の様子である。**グローコロナ**（glow corona）と**ストリーマコロナ**（streamer corona）の2つのモードを示す。ここでストリーマコロナは枝分かれした細いフィラメント状の放電群からなる。これはストリーマ理論でも説明されたように電極間を高速のプラズマが発光を伴い進展しているためである。通常目視による観測では多くのストリーマからの発光が時間的に重なり合って観測されるため電極間を覆うようなグロー状の発光として見える（図5-2参照）。ストリーマコロナはパルスパワー電源によるパルス高電圧を印加すると容易に発生できる。

　直流のコロナ放電では，針や線の電極に印加する電圧の極性により放電のモード（放電状態を示すもの）が異なる。表4-1は大気圧空気中で針電極に

4.2 高気圧気体中では放電はどうなるか　　　　97

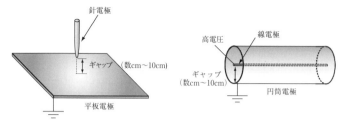

図 4-7　コロナ放電を発生させる代表的な電極構成
(左:針対平板電極, 右:線対円筒電極)

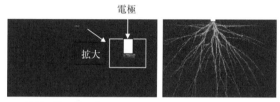

図 4-8　針対平板電極系におけるグローコロナとストリーマコロナ

正極性直流高電圧を印加した場合の**正コロナ**（positive corona）と，負極性直流高電圧を印加した場合の**負コロナ**（negative corona）の外観と電流波形を示す。正コロナは放電開始すると $1\mu A$ 以下の脈動する電流パルスからなるバーストパルスコロナが現れ，さらに電圧を上げると大きな電流パルスが間欠的に現れるストリーマコロナへと転移する。電極の曲率半径が小さいときには，電圧上昇によりグローコロナになって安定する場合が多い。一方，負コロナは放電開始後に規則的な電流パルスを生成する**トリチェルパルスコロナ**（Trichel pulse corona）となり，さらに電圧を上昇すると電流パルスの時間間隔が狭まり，ついにはパルスから直流成分の電流となるグローコロナに転移する。

4.2.2　スパークを抑制するバリア放電
(a) バリア放電

大気圧中に 2 枚の平行平板電極を 1 cm の間隙で設置して，電極間に加える電圧を上昇させていくと約 30kV で突然火花放電が発生する。電極間は短絡状態となり過大な電流が流れ，電極が加熱されてアークが発生する。この現象は

表4-1 大気圧空気中の正負コロナの外観と電流波形[2)]

	正コロナ			負コロナ	
	バーストパルスコロナ	ストリーマコロナ	グローコロナ	トリチェルパルスコロナ	グローコロナ
電流波形	μA, $\sim 10\,\mu s$	mA, $\sim 100\,\mu s$	μA	$\sim 500\,\mu s$, $\mu A \sim mA$	μA
外観	針電極 $\sim$mm	$\sim$cm	$\sim$mm	$\sim$mm クルックス暗部 ファラデー暗部 負グロー 陽光柱	$\sim$mm
	微弱な膜状	ブラシ状	膜状		

全路破壊（complete break down）または**フラッシオーバ**（flashover）とも呼ばれる．図4-9に示すように電極間に誘電体（絶縁物）であるガラス板やセラミックス板を挿入してスパークへの転移を抑える方法がある．誘電体がバリアの役目をするので，この方式の放電を**バリア放電**（barrier discharge），あるいは**無声放電**（silent discharge）という．誘電体は両方の電極に設置してもよいし，電極間に挿入するだけでもよい．電源として直流は使えないため，商用周波数から高周波の交流電源またはパルスパワー電源を使用する．電極間隔は数 mm 程度が一般的であるが，微細加工技術を利用して $100\,\mu m$ 程度の短ギャップ化も図られており，高濃度オゾン発生器に用いられている．バリア放電の発生原理を図4-10で説明しよう．最初誘電体で覆われた電極に交流の正極性の電圧が印加されるとすると，電極間の電界が放電開始電界以上であれば放電が発生する．放電は気圧が高いためフィラメント状（ストリーマと呼ばれる）となり，電極間でいくつも発生する．誘電体表面には電荷が溜まり，それにより印加電圧による電界 E とは逆向きの電界 E' がかかる．そのため電極間にかかる実効的な電界は弱まり放電は消える．電圧が正極性の最大値から徐々に下がり始めると逆向き電界 E' が優勢となって先ほどとは逆の放電が開始し始める．ついで交流電圧の極性は負極性となり，その間誘電体には最初とは極

4.2 高気圧気体中では放電はどうなるか　　　　　　　　99

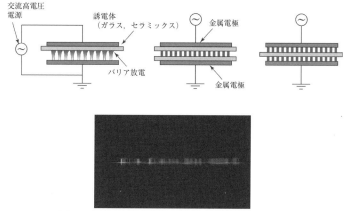

図 4-9　バリア放電の電極構成と放電の様子
（放電空間のギャップは 1 mm）

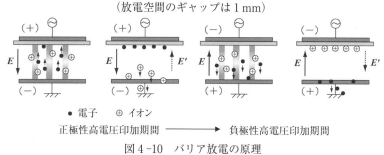

図 4-10　バリア放電の原理

性の異なる電荷が溜まっていく．これにより形成される電界 E' により再び放電が消える．そしてまた電極間の電界が復活すると放電が開始する．この繰り返しにより，バリア放電は安定に継続していく．誘電体に電荷が残留している間に次の逆極性の放電が開始すれば，メモリー効果により放電は常に同じ場所で発生するためパターン化した発光が現れる．

(b) 沿面放電

沿面放電（surface discharge）と呼ばれるものもバリア放電の一種である．図 4-11 に示すように誘電体に電極を取り付けて放電させることで面上でのプラズマが得られる．こちらは小さく作製できることから**プラズマディスプレイ**

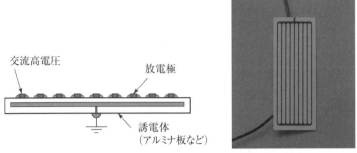

図 4-11　沿面放電の電極構成と平板型の発生装置

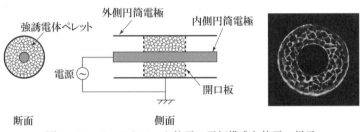

図 4-12　パックドベッド放電の電極構成と放電の様子

パネル（plasma display panel；PDP）の放電セルや流体の制御装置として注目されているプラズマアクチュエータ（plasma actuator）に採用されている。

　バリア放電と沿面放電の両方の特徴を持つものとして図 4-12 に示すように直径数 mm 程度のチタン酸バリウム（$BaTiO_3$）などの強誘電体ペレットを電極間に充填して放電させる方式がある。ペレットの誘電率と空気が占める空隙の誘電率の差により空隙には強電界がかかり，容易に放電を発生することができる。この方式の放電はパックドベッド放電（packed-bed discharge）と呼ばれている。数 cm 程度の電極間を均一にプラズマで占めることができる。また，誘電体が加熱されるため，バリア放電に比べてガス温度は高くなる。ペレットに触媒を担持させることによりプラズマと触媒作用との相乗効果も期待できる。

図4-13　誘電体中に形成された3通りの空隙パターン

例題 4.2

図4-13は平行平板の電極間に誘電体ペレットを詰めて放電させるパックドベッド放電を簡略化したモデル図である。強誘電体は $BaTiO_3$（比誘電率 ε_s = 3000）として，電極間の誘電体には一様な電界 E が印加されている。いま，A～Cの3通りの空隙が形成されている。空隙内の電界 E_{in} を求めて，どの空隙の部分が放電しやすいか考えてみよう。

解答

空隙A内の電界 $E_{in} = E$，空隙B内の電界 $E_{in} = \varepsilon_s E$，

空隙C内の電界 $E_{in} = \dfrac{3\varepsilon_s}{1+2\varepsilon_s} E$

よって，空隙内の電界の大きさはB ≫ C ＞ A となり，電界に直交する方向に扁平な空隙内において電界がもっとも大きくなり放電しやすい。図4-12の放電写真をよく見て確認しよう。

(c) プラズマジェット

細いガラス管にリング状の電極を巻いて，管内に放電しやすいヘリウム（He）やアルゴン（Ar）ガスを流し，数十 kHz の交流電圧や 13.56MHz の高周波電圧を印加するとガラス管からプラズマプルームが噴射する**大気圧プラズマジェット**（atmospheric pressure plasma jet；APPJ）が発生できる。図4-14には種々のプラズマジェット発生の方式を示す。このプラズマはアフターグローではなく電離波によるもので，**プラズマブレット**（plasma bullet）と呼ばれる弾丸状または中空のドーナツ状のプラズマ塊が高速で進展する現象である。プラズマの温度は室温程度に制御でき，自由空間にプラズマが取り出せる

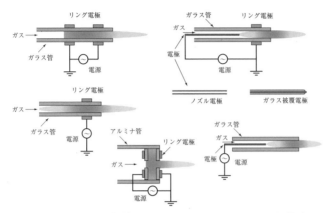

図 4-14 各種大気圧プラズマジェットの電極構成

表 4-2 グロー・コロナ・アークの放電パラメータとプラズマの特性

	低圧グロー放電	コロナ放電	アーク放電
ガス圧力	4-4000 Pa	1 atm	0.1-100 atm
電圧	100 - 1000 V	$10^3 - 10^5$ V	10 - 100 V
電流	10^{-4} - 0.5 A	$10^{-6} - 10^{-3}$ A	30 -30000 A
電離機構	衝突電離（α 作用）：陽光柱	衝突電離 （α 作用）*	熱電離
陰極電子放出機構	イオン等による二次電子放出（γ 作用）	イオン等による二次電子放出（γ 作用）	熱電子放出，電界放出，熱電界放出
電子密度	$10^9 - 10^{11}$ cm^{-3}：陽光柱	$10^{14} - 10^{15}$ cm^{-3}**	$10^{15} - 10^{19}$ cm^{-3}
電子温度 (Te)	1 - 3 eV：陽光柱	1 - 10 eV	1 - 10 eV
ガス温度 (Tg)	300 - 600 K	300 K（ほぼ室温）	$10^4 - 10^5$ K
産業応用例	半導体材料の加工（エッチング，アッシング），薄膜の析出，表面処理	集じん・排ガス処理，空気浄化，脱臭，殺菌，オゾン生成	溶接，廃棄物の溶融固化

*　ストリーマコロナの進展では光電離が作用する
**　ストリーマコロナにおける代表値

ため，プラズマを生体組織にも直接作用できるなどバイオ・医療関係での利用が進められている。

このようにプラズマを発生させる放電形式には多くの種類があり，気圧や気体の種類，電極形状や印加する電源によって，同じ名称で分類された放電であっても放電プラズマパラメータ（電子温度や電子密度など）は異なる。表 4-2 は代表的な放電である，グロー放電，コロナ放電，アーク放電の放電条件とプラズマの特性を示す。

4.3 ちょっと特殊な放電も知っておこう

4.3.1 水中での放電

パルスパワー工学の特徴の一例として，水中に設置した針対平板電極にパルス高電圧を印加すると図4-15のようにストリーマ放電が発生できる。これを**水中放電**（underwater discharge, discharge in water）と呼ぶ。また水ではなく溶液の場合は**液中放電**（discharge in liquid）ともいう。発生機構としては，印加するパルス電圧のパルス幅（ナノ秒からマイクロ秒程度）によって電極先端部での電歪の発生による電離，気泡の発生や電極近傍での低密度領域の生成に伴う揺らぎや不安定性を介しての放電の発生など諸説ある。気中放電と違い発生のための電界強度も20MV/cm以上必要である。

4.3.2 雷放電はすごい

これまでは人工的に発生させた放電プラズマを解説してきた。最後に自然現象である雷について触れてみよう。雷放電は帯電した雷雲と地面との間で起きるギャップ長が数kmの放電である。図4-16は東京スカイツリーへの落雷であるが，高層の建築物には落雷の頻度が高い。通常，雷雲の下側には負極性の電荷が溜まっており，ここから図4-17に示すような**ステップリーダ**（**階段**

図4-15 水中放電
（一発のパルス電圧の印加による放電，丸いものは気泡）

図4-16　東京スカイツリー(高さ634m)への落雷
(2013年7月8日「産経新聞」掲載より引用)

状先駆放電；stepped leader stroke）と呼ばれる放電が $10^5 \sim 10^6$ m/s 程度の速度で進展してくる．1回の放電距離は約50m程度で間欠的に地上に向かって進展してくる．図4-18に雷放電の進展過程を示す．地上手前までステップドリーダが来ると地面からの放電と結合（ファイナルジャンプと呼ばれる）し，雷雲へ向かって強い発光を伴う**リターンストローク**（**帰還雷撃**；return stroke）が約 5×10^7 m/s の速度で進展する．通常私たちが見る落雷はこのリターンストロークである．その後少し時間をおいて，再びリーダが進展しはじめる．これは**ダートリーダ**（**矢形先駆放電**；dart leader stroke）と呼ばれ，最初のステップドリーダとは区別されている．矢形先駆放電と帰還雷撃は3～4回程度，規模の大きなものでは10回以上繰り返す．なお，日本海側で冬季に観測される落雷は，雷雲の極性が逆のこと（正極性）が多く，激しい放電となる．

　近年，雷放電より規模の大きな放電現象が発見された．図4-19のように雷雲の上部から電離層に向かって進展する放電で**スプライト**（sprite）と呼ばれる．さらにそのほかにも**エルブス**（elve）や**巨大ジェット**（gigantic jet）などと呼ばれる特徴あるものが観測されている．さらにそれより上空の電離層で観測されるのが**オーロラ**（aurora）である．オーロラは太陽風により運ばれてきた荷電粒子が，極地上空で地球の磁力線に沿って下降するときに大気成分との衝突で生成したプラズマであるが，その詳細な機構はいまだ不明な点が多い．

4.3 ちょっと特殊な放電も知っておこう　　　　　105

図 4-17　雷放電の進展過程（リーダの様子）
(2011 年 2 月 5 日放映，NHK ワンダー×ワンダー「見えない雷　2
万分の 1 秒の世界」より引用)

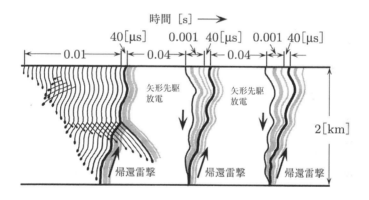

図 4-18　雷放電の進展過程[6]

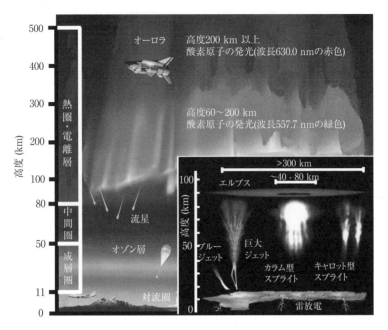

図4-19　雷雲と宇宙空間の間で生じる巨大放電とさらにその上空に発生するオーロラ

コラム

―宇宙の99％はプラズマである？―

　これまで多くの教科書で宇宙の99％はプラズマである，と書かれていた。著者も以前に「宇宙に存在する星の多くはプラズマであり，星と星の間の宇宙空間も密度の希薄なプラズマ状態にある。このように地球を取り巻く，宇宙の物質の99％はプラズマであり，地球はプラズマの大海に浮かぶかけがえのない惑星とみなすことができる」と記述した。しかし，宇宙の22％は暗黒物質，74％は暗黒エネルギーが占め，そのほとんどはまだよくわかっていない。したがって正確には宇宙の4％のわかったもののうちの99％程度がプラズマである。これが現在の正しい記述ということになる。

演習問題

(1) われわれの身近なところにあるプラズマをあげなさい。
(2) グロー放電しているガラス管内の気圧を高めていくと放電はどうなるであろうか？
(3) 負イオンを形成する気体分子と負イオンを形成しない気体分子をあげなさい。また，通常入手しやすい負イオンを形成しないガスをもちいたコロナ放電の実験では，正極性の場合でグローコロナや負極性の場合でトリチェルパルスコロナも形成されるが，それはなぜか？
(4) プラズマジェットの発生によく用いられるガスであるヘリウム（He）の電離電圧は 24.6eV と高いのに，なぜプラズマが発生させやすいのであろうか。

(**実習**：*Let's active learning!*)

(1) プラズマアクチュエータ（plasma actuator）について調べてみよう。
(2) 本文中の各種プラズマや次にあげる各種プラズマについて調べて，表4-3を作成してみよう。
(a) ホロ-陰極放電プラズマ，(b) 表面波プラズマ，
(c) 電子サイクロトロン共鳴（ECR）プラズマ，(d) ヘリコン波プラズマ，
(e) プラズマトーチ，(f) プラズマガン（銃），(g) ソリューションプラズマ，
(h) レーザー生成プラズマ

表4-3 各種プラズマ発生装置の特徴

プラズマ発生方式	電極構成	作動圧力/作動気体	放電条件	プラズマパラメータ	特徴	応用
例）CCP（図省略）	平行平板電極	10^{-2}〜10 Pa H_2 + SiH_4, CH_4, CF_4	高周波 13.56MHz	電子温度数 eV 電子密度 $\sim 10^{11}/cm^3$	大面積化（1m級）可能	薄膜堆積エッチング
例）大気圧グロー（図省略）	バリア放電型の平行平板ギャップ長 1mm〜3cm	大気圧 He(Ar)ガス	交流電源周波数数十 kHz	電子温度数 eV ガス温度ほぼ室温	プラズマ化できる体積が大	表面処理表面改質

演習解答

(1) 蛍光灯，ネオンサイン，気体レーザー（He-Ne レーザーなど），溶接のアーク，炎，オーロラ …ほかにもたくさんある。

(2) 拡散した放電から徐々に収縮してフィラメント状（紐状）の放電になる。この変化の様子をもとに簡易な真空計ができる（ガイスラー管と呼ばれているものがあるので，調べてみよう）。

(3) 負イオンを形成する気体は酸素，二酸化炭素，ハロゲン気体などの電気的負性気体であり，負イオンを形成しない気体は窒素，アルゴン，ヘリウムなどがある。通常の放電を行う環境下では，電気的負性気体を除いたとしても酸素が0.1％程度でも含まれると，コロナ放電の代表的なモード（表4-1）は必ず観測される。

(4) 解図4-1に示すようにHeの電離電圧（イオン化エネルギー）は24.6eVですべての気体中もっとも高いが，そのすぐ下に19.8eVの準安定状態があるので，持続放電中では電離には実質約4eVしかいらない。そのため放電が容易となる。また，単原子分子なので分子にみられる振動・回転などのエネルギーによるロスがないことや，小さな原子であるため平均自由行程が長くなる。さらには熱伝導率が高いため，ガスとしての冷却効果が高いなど，放電には好都合の条件がそろったガスである。

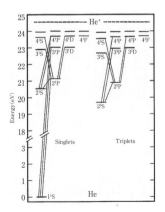

解図4-1　Heのエネルギー準位図

引用・参考文献

1) 秋山秀典編著:高電圧パルスパワー工学,オーム社,2003.
2) 原雅則,酒井洋輔:気体放電論,朝倉書店,2011.
3) 八木重典編著:バリア放電,朝倉書店,2012.
4) 日本学術振興会プラズマ材料科学第153委員会編:大気圧プラズマ 基礎と応用,オーム社,2009.
5) 赤崎正則:基礎 高電圧工学,昭晃堂,1980.
6) 花岡良一:高電圧工学,森北出版,2007.

5章 プラズマを測る

医師が病気の患者さんを診断するときを考えてみよう。まずは顔色を見て，体温や血圧を測定する。採血による分析もよく行われる。胃の状態を見るには胃カメラで，さらに詳しく診断するには MRI（magnetic resonance imaging；核磁気共鳴画像法）などが使われる。多種多様な医療装置や器具を用いた診断方法が開発されている。プラズマについてもプラズマの温度や密度，発生のための電界や磁界などを測定して，プラズマの状態や振る舞いを調べることが行われている。これを**プラズマ診断**（plasma diagnostic）という。本章では，プラズマを測るための代表的な手法について学ぶ。

5.1 プラズマ計測法の分類

プラズマ計測にはプラズマから発せられる光情報等を調べる受動的測定法と，プラズマの外部からレーザー光等を入れてその応答を調べる能動的測定法があり，表5-1にプラズマ計測法を示す。本章ではそのなかでも使用頻度の高い主要な計測法について解説する。

5.2 プラズマからの発光を分析

5.2.1 写真法（デジカメ撮影から超高速度のカメラによる観測まで）

デジタルカメラの普及によりプラズマの写真撮影が容易になってきた。このとき撮影モードはマニュアルに設定しなければ，うまく撮れないことが多い。さらに ISO 感度，シャッター速度と絞り等を適切に設定することが重要となる。表5-2はプラズマ観測に用いられる代表的なカメラの種類と性能を分類したものである。

プラズマの発光が微弱であるときには，通常のレンズをつけたデジタルカメ

表5-1 プラズマ計測法の分類

計測法の名称	測定するパラメータ	原理・特徴・装置など
プラズマイメージング（写真法）*	プラズマの発光形状，サイズ，位置・分布	簡便，プラズマの発光を利用
高速度カメラ*，ストリークカメラでのプラズマの撮影	プラズマの形状と進展速度，衝撃波	光強度を確保する必要がある
シャドウグラフ法* シュリーレン法*	プラズマ密度の空間分布 プラズマの形状	影絵の原理を応用 屈折率の変化を利用
発光分光法*	原子/分子/ラジカルの同定と密度 分子の回転温度，振動温度	簡便，分光器を利用 レーザーブレークダウン分光法はプラズマの発生にレーザーを使う
スペクトル強度法*	励起温度，電子温度，電界	Boltzmann分布を仮定し，局所熱平衡を適用
スペクトル幅法	イオン温度 電子密度	ドップラー効果を利用 シュタルク効果を利用
アクチノメトリー法	原子・ラジカルの密度	希ガスをトレーサーガスとして導入 対象原子・ラジカルの発光と希ガスの発光の比を測定
レーザー計測		空間・時間分解能が高い
レーザー吸収法*	原子/分子/ラジカルの同定と密度測定	多重反射させるキャビティリングダウン分光法により高感度化
レーザー誘起蛍光法（LIF）*	原子/分子/ラジカルの同定と密度，回転温度，電界	基底状態や準安定状態の情報が得られる
レーザーラマン分光法（CARS）	分子の密度や回転温度	2つのレーザー光を用いて，ラマン効果を利用
レーザー・トムソン散乱法	電子密度，電子温度	トムソン散乱を利用
レーザー干渉法	電子密度	マッハ・ツェンダー干渉計，マイケルソン干渉計が広く用いられる
レーザーオプトガルバノ分光法	ラジカル/イオン，電界強度	プラズマのインピーダンス変化として放電電流を計測
レーザーミー散乱法	微粒子	プラズマプロセス中のダストの観測や流れの可視化に利用される
プローブ法（探針法）*	電子密度，イオン密度，電子温度 プラズマ電位，浮遊電位，電界	簡便，自作できる 空間分解能が高い
マイクロ波干渉法	電子密度	電磁波の伝搬特性を利用
質量分析法	分子/イオンの同定	主に四重極質量分析計を使用 分析室が低圧力のため差動排気が必要
エネルギー分析法	イオンのエネルギー分布	エネルギー分析器やファラデーカップを使用
電子スピン共鳴法（ESR）	ラジカルの同定と密度	不対電子のゼーマン効果を利用
化学プローブ法	ラジカルの同定と密度	試薬との反応による間接的な測定

*本章で説明する計測法

5.2 プラズマからの発光を分析

表5-2 プラズマ測定に使用されるカメラの分類

カメラの名称	撮影速度 掃引時間[a]	シャッター速度 ゲート時間[b] 最高時間分解能[c]	画素数	濃度階調
デジタル一眼レフカメラ	14 コマ/秒	1/8000 秒～Bulb	最高約 2000 万画素	カラー RAW14 bit
ICCD カメラ	16 フレーム/秒	[b] 2 ns～	1024x1024 画素	モノクロ 16 bit
超高速度カメラ	500～2 億コマ/秒 (24 フレーム)	[b] 5 ns～1.3 ms	1000x860 画素	モノクロ 12 bit
ストリークカメラ	[a] 10 ps/mm～ 5 ms/mm	[c] 2 ps	1392x1040 画素	モノクロ 12 bit

ラでは撮影が難しい。このような場合には，レンズ部分にイメージインテンシファイア（画像増強管）と呼ばれる光感度を増強させるものを装着させればよい。さらに微弱光専用の装置として **ICCD**（intensified charge coupled device）**カメラ**（図5-1）もあり，高感度かつ高速なシャッター速度（ゲート時間と呼ばれ，ナノ秒オーダーである）で撮影が可能である。ICCDカメラで一回の放電を撮影する場合には，放電の発生を制御する信号を利用してカメラを起動させて，放電とカメラの撮影のタイミングを合わせる必要がある。大気圧ストリーマコロナ放電を一眼レフカメラと，ICCDカメラで撮影したものを図5-2に示す。また，高速度カメラを用いれば，変化する現象を時間分解して撮影することも可能である。現時点（平成30年）では最高2億コマ/秒の超高速で撮影可能な超高速度カメラも市販されている。ただし，1回の現象を記録できる枚数は24フレームと制限がある。図5-3は水中で進展する正極性のパルスストリーマ放電を時間分解して観測した例である。さらにストリークカメラと呼ばれるものもあり，これはある設定した空間における光強度（分光器と組み合わせれば任意の波長の光）の時間的な変化を超高速（ピコ秒～ミリ秒）で測定できるものである。

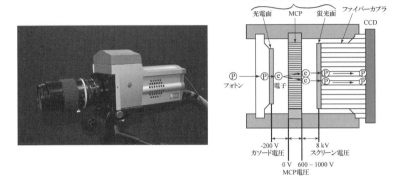

図5-1　ICCDカメラとその光感度増強原理

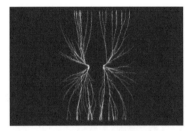

図5-2　一眼レフカメラ（8秒露光）とICCDカメラ（ゲート時間500 ns）で撮影したストリーマコロナ放電（印加電圧30 kV，放電ギャップ長50 mm）

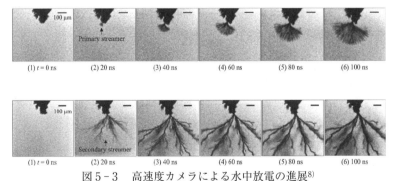

図5-3　高速度カメラによる水中放電の進展[8]
（上：1次ストリーマ，下：2次ストリーマ，各コマのゲート時間は10ns）

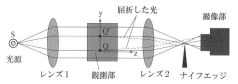

図5-4　シャドウグラフ法・シュリーレン法による計測システム
（シュリーレン法の場合は図のようにレンズ2の焦点のところにナイフエッジを置く）

5.2.2 シャドウグラフ法，シュリーレン法による可視化技術

シャドウグラフ（shadowgraph）法は，気体や液体の密度変化による屈折率の変化を利用してできる光の影（濃淡）を直接観測するものであり，"影"写真のことである。図5-4にその原理を説明する。光源Sからの光はレンズ1により平行光線となって観測部に入り，レンズ2により焦点で収束したあと撮像部（カメラ）の撮像素子上に投影されるため，観測部の中にある点Qの像は撮像素子に投影される。いま，Qのところが他の点と密度勾配が異なるとQを通過する光は点線のように屈折する。その結果撮像部の撮像素子上の本来像をむすぶところからずれたところに像をむすぶ。プラズマの場合には，気体がプラズマ化した部分と，周囲の媒質の境界には密度変化が生じる。これが屈折率の変化となり，撮像素子上に明るさの変化を生じさせる。密度 ρ が y 方向のみに変化するものとすると，濃淡（コントラスト）c は

$$c = \frac{\Delta I}{I} \propto k_1 \frac{d^2\rho}{dy^2} \tag{5.1}$$

となる。ここで I は撮像素子上での光度，ΔI はその変化分，k_1 は定数である。一方，シュリーレン（Schlieren）法は，ナイフエッジを焦点にセットして観測部を通過する光の一部をさえぎる。いま，Q'のところに密度変化があると光は点線のように屈折し，撮像部には光が入らないため暗くなる。屈折が図と逆向きになれば明るくなる。このようにして濃淡をつけるようにした手法である。シュリーレン法の濃淡（コントラスト）c は

$$c = \frac{\Delta I}{I} \propto k_2 \frac{d\rho}{dy} \tag{5.2}$$

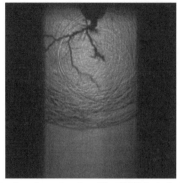
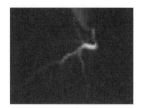

図5-5　シュリーレン法で撮影した水中放電の放電路と発生した衝撃波
（右図は同時撮影した放電プラズマの自発光）

となる。ここでk_2は定数である。

式（5.1）よりシャドウグラフ法は像のコントラストが密度勾配の変化に比例し，式（5.2）よりシュリーレン法は像のコントラストが密度勾配に比例することがわかる。これらの方法は燃焼，噴流や衝撃波の観測等に用いられてきた。放電プラズマの分野では，コロナ放電によるイオン風や大気圧プラズマジェットの観測などに多用されている。測定例を図5-5に示す。

5.2.3　分光器で発光スペクトルを調べる

プラズマは発光を伴うため「電気の中でも唯一わたしたちが目で見ることができる現象」といえる。プラズマの魅力はこの発光にあるが，発光のスペクトルを観測するとプラズマを生成している発光種の同定が可能になり，この方法を**発光分光法**（optical emission spectroscopy；OES）と呼ぶ。光を詳細に調べる装置として分光器がある。図5-6に分光のためのシステムを示す。プラズマからの発光はレンズで集光して分光器の入口のスリットに入れる。ここで光ファイバを使うと調整が容易になる。分光器内部では回折格子（グレーティング）により光は波長ごとにわけられ，分光器の出口のスリットから特定波長の光のみが取り出される。光は**光電子増倍管**（photomultiplier，通称；**ホトマル**）により電気信号に変えられて検出される。回折格子を少しずつ回転させる

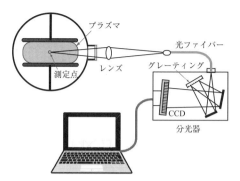

図5-6　プラズマからの発光分光分析を行うシステム

ことで検出波長を変えて発光スペクトルが得られる。最近では，回折格子で分散された光を **CCD**（charge coupled device）や **ICCD** でまとめて検出し，瞬時に広い波長帯域にわたりその発光強度を取得できる装置が普及している。

プラズマの発光は励起された原子や分子が自然放射によって，下位の準位や基底準位に遷移する際に光を放出することによる。ここで上準位 i から下位準位 j へ遷移するときの発光強度 I_{ij} は次式で表される。

$$I_{ij} = h\nu_{ij} A_{ij} n_i \tag{5.3}$$

ここで h はプランク定数，ν_{ij} は振動数，A_{ij} は遷移確率で，アインシュタインの A 係数と呼ばれるものであり，n_i は i 準位の粒子密度である。実際にプラズマから観測される発光強度 I_{ij} は，**不確定性原理**（uncertainty principle）に基づく自然幅や検出系で定まる装置幅の影響で線スペクトルにはならない。実際にプラズマから放出される光子は，観測方向に向かって運動するため**ドップラー効果**（Doppler effect）により線スペクトルには広がりが生じる。さらに高密度プラズマ中ではミクロ電界によるエネルギー準位の変化による**シュタルク効果**（Stark effect）と呼ばれる広がりも考慮する必要がある。

式 (5.3) からプラズマの発光強度が励起準位の粒子密度 n_i に比例することはわかるが，実際に分光して測定される発光スペクトルについて代表的な2つのモデルを説明する。

(a) 局所熱平衡モデル

高密度プラズマにおいてはプラズマ内の各点で**局所熱平衡**（local thermodynamic equilibrium；LTE）を仮定したモデルを考えることができる。その場合，準位 i の粒子密度 n_i は**ボルツマン分布**（Boltzmann distribution）にしたがうとすると

$$n_i = n_0 \frac{g_i}{U} exp\left(-\frac{E_i}{kT_e}\right) \tag{5.4}$$

となる。ここで n_0 は全粒子密度，k はボルツマン定数，T_e は電子温度，E_i は準位 i の基底状態からの励起エネルギー，g_i は統計的重み，U は内部分配関数である。これを式 (5.3) に適用すると

$$I_{ij} = h\nu_{ij} A_{ij} n_0 \frac{g_i}{U} exp\left(-\frac{E_i}{kT_e}\right) \tag{5.5}$$

となる。さらに変形すると

$$log\left(\frac{I_{ij}\lambda_{ij}}{A_{ij}g_i}\right) = log\left(\frac{hcn_0}{U}\right) - \frac{E_i}{kT_e} \tag{5.6}$$

となるので，$log(I_{ij}\lambda_{ij}/A_{ij}g_i)$ を E_i に対してプロットして，測定した発光スペクトルが直線に乗っていれば局所熱平衡が成り立っていることになり，その直線の傾きから電子温度を求めることができる。この手法は相対強度法といい，特に2本の線スペクトルを用いる場合を二線強度比較法という。アルゴンアークプラズマの相対強度法による測定例を図5-7に示す。直線の傾きから励起温度 $T = 4,630\,K$ が得られる。

(b) コロナモデル

通常，低圧のプロセスプラズマでは，基底状態から電子衝突励起により生成された励起種は，自然放出により消滅するとした簡略化したモデルで考えることができる。励起種の発生と消滅のバランスを式で示すと

$$\frac{dn_i}{dt} = C_{1i} n_1 n_e - \sum_{j=1}^{i-1} A_{ij} n_i \tag{5.7}$$

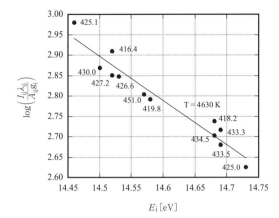

図5-7　相対強度法による1気圧アルゴンアークプラズマの温度測定
(図中の数字はアルゴン中性原子線（Ar I）の波長を示す．励起レベルの分布は式（5.4）により同一の温度で表されるため，この場合の温度は励起温度と呼び，電子温度にほぼ等しい)

となる。ここで C_{1i} は電子衝突励起の励起速度係数（レート係数ともいう），n_1 は基底準位の粒子密度，n_e は電子密度であり，右辺の第1項が励起種の発生を，第2項が消滅を表す。このモデルは光学的に薄い（光吸収が無視できる）高温低密度プラズマである太陽コロナで成立しているため**コロナモデル**（corona model）と呼ばれ，低密度プラズマに適用できる。定常状態では式（5.7）の時間微分の項を0として，式（5.3）に適用すると

$$I_{ij} = h\nu_{ij} \frac{A_{ij}}{\sum_{j=1}^{i-1} A_{ij}} C_{1i} n_1 n_e \tag{5.8}$$

となる。さらに C_{1i} は原子・分子データベースにある電子衝突励起断面積 $\sigma(\varepsilon)$ とプラズマの電子速度分布関数 $f(\varepsilon)$ から

$$C_{1i} = \int_{E_{th}}^{\infty} \sqrt{\frac{2\varepsilon}{m_e}} \sigma(\varepsilon) f(\varepsilon) d\varepsilon \tag{5.9}$$

の計算により求められる。図5-6のシステムで実際に計測される光信号はプラズマの観測体積や受光立体角，分光器を含む受光系の透過率と光検出器の量子効率などに依存する比例係数 K_l を式（5.8）にかけたものとなり，K_l の値は

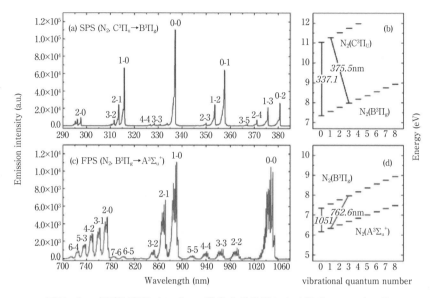

図5-8 高周波窒素プラズマの発光分光分析による発光スペクトル[7]
図(a)は近紫外域の 2nd Positive System (2PS) と呼ばれる $C^3\Pi_u \to B^3\Pi_g$ の遷移に伴うスペクトル，図(b)はその励起エネルギー準位
図(c)は可視〜近赤外域の 1st Positive System (1PS) と呼ばれる $B^3\Pi_g \to A^3\Pi_u^+$ の遷移に伴うスペクトル，図(d)はその励起エネルギー準位
(圧力 10 Pa，高周波電源の周波数 13.56 MHz，投入電力 80 W)

波長により異なるのでタングステンランプなどの標準光源により較正して発光強度 I_{ij} は評価する必要がある．したがって発光強度から n_1 の絶対量を求めることは容易ではないが，プラズマを乱さずにプラズマの情報を得ることができるため手軽によく用いられる計測方法である．

図5-8に一例として容量結合型高周波プラズマの発光分光分析による発光スペクトルを示す．窒素プラズマでは近紫外域に 2nd Positive System (SPS) と呼ばれる $C^3\Pi_u \to B^3\Pi_g$ の遷移に伴うスペクトルが現れる．一方，可視〜近赤外域には 1st Positive System (FPS) と呼ばれる $B^3\Pi_g \to A^3\Pi_u^+$ の遷移に伴うスペクトルが現れる．

発光分光分析の工業的利用として，誘導結合型プラズマ (ICP) は元素分析

の手段として広く用いられている．また，近年では，レーザー光をプラズマ発生手段に用いて分析を行う**レーザーブレークダウン分光法**（laser-induced breakdown spectroscopy；LIBS）が発達し，合金の分析，鉱石・地質の分析，食品や医療品，文化財などの成分分析に活用されている．

スペクトル線の同定には波長表を利用する．理科年表，MIT 波長表，NBS 波長表などが利用できる．インターネットから利用可能なものとしては，米国標準技術研究所（national institute of standards and technology；NIST）で作成・公開しているデータなどがある．

5.3 プローブ診断

プラズマの代表的なパラメータである電子温度や電子密度を計測する簡便な手法として**プローブ法（探針法）**（probe method）がある．プラズマ中に挿入された2本の電極間に外部電圧を印加すると回路を通して電流が流れる．このときの電圧と電流の関係からプラズマの諸量が測定できる．2本の電極のうち，一方だけを探針として用い，他方を基準電極としたものが**単探針法**（single probe method）である．ラングミュアが考案したため**ラングミュアプローブ法**（Langmuir probe method）とも呼ばれている．

単探針法の基本回路を図5-9に示す．プローブの電圧 V_p を±数10Vで変化させてプローブ電流 I_p を測定すると図5-10のような3つの領域からなる電流電圧特性が得られる．

ⅰ）イオン電流飽和領域（a-b の領域）

プローブの電位が十分に負電位となるとプローブの近傍には正イオンの層ができる．プローブ電流 I_p はイオン電流のみとなり，プローブ電圧 V_p を多少変えても I_p はほぼ一定となる．このときの I_p をイオン飽和電流と呼び，

$$I_\mathrm{is} = 0.6 e n_\mathrm{i} A \sqrt{\frac{\kappa T_\mathrm{e}}{m_\mathrm{i}}} \tag{5.10}$$

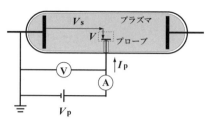

図5-9　単探針法の基本回路

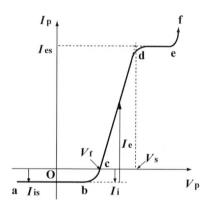

図5-10　単探針法による電圧電流特性

で与えられる。ここでn_iはイオン密度，Aはプローブの表面積，T_eは電子温度，m_iはイオンの質量である。

ⅱ）電子電流が急激に増加する領域（c-d の領域）

イオン電流飽和領域からプローブの電圧 V_p を増加させていくと $I_p = 0$ となる。このときプローブの電圧 V_p を浮遊電位 V_f という。さらに V_p を増加させるとプローブ電流 I_p は急激に増大する。この領域では電子に対してマクスウェル速度分布を仮定すると電流 I_p は

$$I_p = I_{es} \exp\left\{\frac{e(V_p - V_s)}{\kappa T_e}\right\} - I_i \tag{5.11}$$

で与えられる。ここで I_{es} は電子飽和電流，V_s はプラズマ電位を表す。電子電

流 I_e は I_p+I_i であり，その対数をとると

$$\ln I_e = \ln(I_p+I_i) = \ln I_{es} + \frac{e}{\kappa T_e}V_p - \frac{e}{\kappa T_e}V_s \tag{5.12}$$

となる．上式の右辺の第1項と第3項は定数と考えてよいので，$\ln I_e$-V_p プロットの勾配より電子温度 T_e が求められる．

ⅲ）電子電流飽和領域（d-e の領域）

プローブ電位がプラズマ電位よりも高い領域では，探針電極方向の速度成分をもつ電子はすべて電極に流入する．プローブ電圧 V_p を変えても I_p はほとんど変化しない．この I_p を電子飽和電流と呼び

$$I_{es} = en_e A\sqrt{\frac{\kappa T_e}{2\pi m_e}} \tag{5.13}$$

で与えられる．ここで n_e は電子密度，m_e は電子の質量である．この領域では探針電極の前面には電子の過剰な層が形成され，これを電子シースという．V_p をさらに大きくすると電子シースの内部で電離が生じて，大きな電流が流れて電子シースの破壊が起きる．

電子温度 T_e が求められると電子密度 n_e やイオン密度 n_i が求められる．さらに電流電圧特性のグラフよりプラズマ電位 V_s や浮遊電位 V_f も求められる．このようにプローブ測定により容易にプラズマの諸量を見積もることができるが，シラン（SiH_4）などのガスを含む反応性プラズマにおいてはプローブの汚染が問題となる．プロセスプラズマに適用できるプローブ法としては，エミッシブプローブ，プラズマ振動プローブ，表面波プローブなどがある．これらについては他書を参照されたい[3]~[5]．

無電極放電の場合には，基準電極がプラズマ中にないことになる．このような場合には，2本の探針をプラズマ中に入れるダブルプローブ法が適用される．

5.4 レーザー計測

レーザー光は，単色性，高出力性，可干渉性（コヒーレンス）および高い空間・時間分解能により計測には最適な光源となる。

5.4.1 レーザー吸収法

吸収分光分析（吸収分光法）は，プラズマに外部から光を照射してプラズマ中の粒子による吸収を測定する手法である。プラズマ中の粒子の同定や密度が測定できる。光源にレーザーを用いる方法を**レーザー吸収分光法**（laser absorption spectroscopy；LAS）という。図5-11に示すように長さLのプラズマ中には，入射するレーザー光を吸収する粒子が密度Nで一様に分布しているとする。レーザーの入射光強度をI_0とすると，透過したレーザー光強度Iは，

$$I = I_0 \exp(-\sigma NL) \tag{5.14}$$

となる。ここでσは吸収断面積である。この式より粒子数密度Nは次式より求めることができる。

$$N = \frac{1}{\sigma L} \ln \frac{I_0}{I} \tag{5.15}$$

たとえば，オゾン（O_3）は200-300 nmの波長領域に大きな吸収断面積をもつハートレー吸収帯（中心波長254 nm）があり，オゾン発生器内の濃度分布が測定されている。

粒子数密度が低い場合には，十分な信号強度が得られないため，測定が難しくなる。ミラー（凹面鏡）を用いて多重反射することでプラズマ中の光路長を延ばす必要がある。このような手法の中でも共振器ミラー（反射率Rが

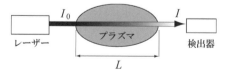

図5-11　レーザー吸収分光法による計測システム

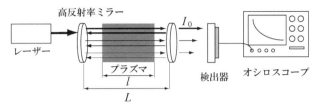

図 5-12　キャビティリングダウン吸収分光法のシステム

99.9％以上）を用いてレーザー光を何千回も反射させることで光路長を数 km まで長くする手法として**キャビティリングダウン吸収分光法**（cavity ringdown absorption spectroscopy；CRDS）と呼ばれものがあり，通常のレーザー吸収分光法の 10^4 倍の高感度が得られる．CRDS の装置の概略図を図 5-12 に示す．入射したレーザー光が出射側ミラーにより反射するときにその光の一部がミラーから漏れ出す．いま，キャビティ（共振器）内に光を吸収する物質がないときは，その漏れたレーザー光の強度は

$$I(t) = I_0 \exp\left(-\frac{t}{\tau_0}\right) \tag{5.16}$$

で与えられる．ここで I_0 は時刻 $t = 0$ における漏れ光強度である．τ_0 は，ファブリ・ペロー共振器の理論より内部が空のキャビティ内での光子の寿命で

$$\tau_0 = \frac{L}{c(1-R^2)} \tag{5.17}$$

となる．ここで c は光速，L はキャビティ長，R はミラーの反射率である．CRDS では，光子の寿命 τ_0 はリングダウンタイムと呼ばれている．次に，キャビティ内にプラズマが存在する場合は，入射するレーザーの波長に対応したプラズマ中の測定対象の粒子（吸収体，長さ l）により光の強度の減衰は次式のように増加する．

$$I(t) = I_0 \exp\left(-\frac{t}{\tau}\right) = I_0 \exp\left\{-\left(\frac{1}{\tau_0} + \frac{c\sigma Nl}{L}\right)t\right\} \tag{5.18}$$

したがって，プラズマが OFF の場合のリングダウンタイム τ_0 とプラズマが ON の場合のリングダウンタイム τ を測定すれば，プラズマ中の粒子（吸収

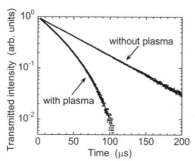

図 5-13 キャビティリングダウン吸収分光法による誘導結合窒素プラズマ中の N_2
($A^3\Sigma_u^+$) によるリングダウン曲線[10]
(1st Positive System (1PS) $B^3\Pi_g \rightarrow A^3\Pi_u^+$ の遷移の吸収 (波長 771.10nm) を測定.
N_2 ($A^3\Sigma_u^+$) 密度は $1.1 \times 10^{11} \text{cm}^{-3}$)

体) の密度 N は

$$N = \frac{L}{c\sigma l}\left(\frac{1}{\tau_0} - \frac{1}{\tau}\right) \tag{5.19}$$

により求めることができる。

図 5-13 は誘導結合型プラズマ (ICP) 発生装置で生成した窒素プラズマ中の準安定準位にある N_2 ($A^3\Pi_u^+$) を測定したときのリングダウン曲線である。

現在，キャビティリングダウン吸収分光法を用いたガス分析装置も市販されている。温室効果ガスである一酸化二窒素 (N_2O) やメタン (CH_4)，二酸化炭素 (CO_2)，水分 (H_2O) などを ppb～ppm の高感度で測定が可能である。

5.4.2 レーザー誘起蛍光法

レーザー誘起蛍光法 (laser-induced fluorescence；LIF) は，基底状態にある原子・分子・イオン・ラジカルに対して，それらの励起状態まで励起して，脱励起するときの蛍光を観測する手法である。高感度であることが特徴であり，非発光性の基底状態の原子・分子・イオン・ラジカルの情報が得られる。

LIF の原理を図 5-14 の 3 準位系で説明する。基底準位 1 の原子・分子にその励起準位 2 とのエネルギー差に相当する波長のレーザーを照射すると原子・

5.4 レーザー計測

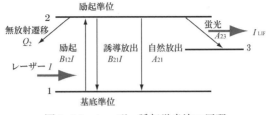

図5-14 レーザー誘起蛍光法の原理

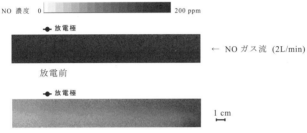

図5-15 模擬排ガスのストリーマコロナ放電プラズマ処理過程におけるLIFによりNO分子のLIF可視化観測
（レーザー波長226 nm，NO($A^2\Sigma^+$(v'=0)←$X^2\Pi$(v''=0) 遷移を利用）

分子は準位2に励起される。準位2に励起された原子・分子は，誘導放出や自然放出により準位1に脱励起される。または，周囲の分子との衝突により，無放射遷移（クエンチング）される場合もある。ここで準位2から準位3への遷移による蛍光強度は，

$$I_{\mathrm{LIF}} = kV\frac{A_{23}}{Q_2+A_2}B_{12}I\tau N_1 \tag{5.20}$$

で表される。ここで k は光学系で決まる定数，V は測定体積，A_{23} と B_{12} はアインシュタインの A 係数と B 係数，Q_2 はクエンチング確率，I はレーザー光強度，τ はレーザーのパルス幅である。したがって，I_{LIF} を測定すれば，準位1の密度 N_1 を求めることができる。

低圧のプラズマプロセスでは，シランプラズマ（SiH_4 プラズマ）中のSi，SiH，SiH_2 の検出やエッチングプラズマ（C_2F_6 プラズマ）中のCF，CF_2 ラジカ

ルなどの検出が行われている。

一方，LIF法は大気圧下では非常に測定が難しいとされていたが，計測装置や手法の改良により，かなり実施されるようになった。これまでのところN_2，OHラジカルなどが計測されている。図5-15は放電プラズマによるNO処理をLIFで観測したものである。上流から徐々に酸化されてNOの濃度が減少していく様子がわかる。

演習問題

(1) プラズマ計測法（表5-1）について，受動的測定法と能動的測定法を分類しなさい。

(2) 発光スペクトル（波長λ）の広がりは多くの場合で熱運動によるドップラー効果による。その広がりを示す全半値幅$\Delta\lambda_D$は

$$\Delta\lambda_D = 7.16 \times 10^{-7} \lambda \sqrt{\frac{T}{M}}$$

となる。ここでTは発光している原子やイオンの温度，Mはその質量数である。高温ヘリウムプラズマからのヘリウムのイオン線（He II，λ = 468.6 nm）の全半値幅が$\Delta\lambda_D$ = 0.1 nmのときのイオン温度を求めなさい。

(3) 原子は特有な線スペクトル配列をもつ。リュドベリ（Rydberg）は原子の線スペクトルの波長λが，

$$\frac{1}{\lambda} = R_\infty \left(\frac{1}{(m+a)^2} - \frac{1}{(n+b)^2} \right)$$

で表されることを発見した。ここでm, n（$n > m$）は自然数であり，R_∞はリュドベリ定数（$R_\infty = \frac{m_e e^4}{8\varepsilon_0^2 h^3 c}$ = 1.0973731568508(65) × $10^7 \mathrm{m}^{-1}$）である。水素原子の線スペクトル（$a = b = 0$とする）について，$m = 2$のバルマー系列の紫外可視域で観測される光の波長λを求めなさい。さらに，ボーアの原子模型に基づいて，ボーアの仮説と量子条件から水素原子のエネルギー準位を求め，スペクトル系列との関係を図示しなさい。

(4) キャビティリングダウン吸収分光法において，キャビティを構成するミ

ラーの反射率が $R = 99.99\%$, キャビティ長が $L = 1$ m とする。プラズマは発生していない状態でキャビティにナノ秒のパルスレーザーを入射させた。キャビティ内の光の滞在時間（光子の寿命）と実効光路長を求めなさい。

(5) 熱陰極の低圧直流放電を単探針法で計測した結果，以下のようなプローブ電圧 V_p とプローブ電流 I_p が得られた。この実験データをもとに電子温度 T_e, 電子密度 n_e, プラズマ電位 V_s, 浮動電位 V_f を求めてみよう。プローブは直径 4 mm の平板型を使用した（ヒント：電流電圧特性のグラフを描くときに，プローブ電流 I_p が大きく変化する 1 μA のところからは片対数グラフにすると電子電流 I_e が求めやすくなる）。

Vp	-20.0	-15.0	-10.0	-5.0	-2.0	0.0	2.0	4.0	6.0	8.0	10.0	12.0
Ip	-5.7	-5.0	-4.5	-4.0	-3.7	-3.3	-2.8	-1.8	-0.4	2.0	6.4	20.0

14.0	16.0	18.0	20.0	22.0	24.0	26.0	28.0	30.0	32.0	34.0
50.0	172.0	238.0	320.0	412.0	518.0	640.0	750.0	900.0	1110.0	1200.0

（**実習**：*Let's active learning!*）

(6) 分子プラズマからの発光や吸収さらには蛍光のスペクトルをシミュレーションできるデータベースとして LIFBASE Spectroscopy Tool（アドレス：https://www.sri.com/engage/products-solutions/lifbase）というものがある。これを利用して光のスペクトルがプラズマパラメータや測定条件によりどのように変化するのかを体験してみよう。利用できるものは OH, NO, CH, CF, SiH, N_2^+ がある。

演習解答

(1) 受動的測定法：写真法（カメラでの撮影），発光分光法，質量分析法
能動的測定法：シャドウグラフ法，シュリーレン法，レーザー計測法，プローブ法，マイクロ波干渉法，エネルギー分析法，電子スピン共鳴法，化学プローブ法

(2) $T = 3.58 \times 10^5$ K

(3) バルマー系列　$H_\alpha = 656.3$ nm, $H_\beta = 486.1$ nm, $H_\gamma = 434.0$ nm, $H_\delta = 410.2$ nm

水素原子のエネルギー準位　$E_n = -\dfrac{R_\infty hc}{n^2}$　(n = 1, 2, 3, …)

水素原子のエネルギー準位とスペクトル系列は他書を参照（図省略）。

(4) 寿命 τ_0 は 33μs, 実効光路長は 10 km

(5) $T_e \fallingdotseq 27800$ K, $n_e \fallingdotseq 3 \times 10^{15}/\text{m}^3$, $V_p \fallingdotseq 16.8$ V, $V_f \fallingdotseq 6.4$ V

引用・参考文献

1) 堤井信力, 小野茂：プラズマ気相反応工学, 内田老鶴圃, 2000.
2) 赤﨑正則, 村岡克紀, 渡辺征夫, 蛯原健治：プラズマ工学の基礎（改訂版）, 産業図書, 2001.
3) プラズマ・核融合学会編：プラズマ診断の基礎と応用, コロナ社, 2006.
4) 堤井信力：プラズマ基礎工学, 内田老鶴圃, 1986.
5) 行村 建編著：放電プラズマ工学, オーム社, 2008.
6) 日本学術振興会プラズマ材料科学第 153 委員会編：大気圧プラズマ　基礎と応用, オーム社, 2009.
7) Xi-M. Zhu and Yi-K.Pu：J. Phys. D: Appl. Phys., 43, 403001, 2010.
8) 藤田英理, 金澤誠司, 大谷清伸, 小宮敦樹, 金子俊郎, 佐藤岳彦：静電気学会誌, Vol.39, No. 1, pp.21-26, 2015.
9) 赤塚洋：電学論 A, Vol.130, No. 10, pp.892-898, 2010.
10) 佐々木浩一：J. Plasma Fusion Res., Vol.91, No.1, pp.2-9, 2015.

6章　産業を支えるプラズマ技術

　ここまで気体の性質やプラズマについて学習した。高電圧・プラズマ工学は多くの高専および大学の電気系の専門科目としてカリキュラムに入っている。理由は，高電圧・プラズマ技術が産業発展に大きく寄与したのみでなく，日本において高度成長期に生じた大気汚染や水質劣化などの環境問題や，またエネルギー問題を解決しようと取り組んできた，日本の歴史と深く関わっている。ここでは，4つの事例を取り上げ，日本の工業の発展や課題解決と高電圧・プラズマ技術の関わりについて学ぶ。

6.1　プラズマの特徴とその利用の基本

　プラズマの利用する性質（エネルギー）とその応用例を表6-1に示す。プラズマは，高電圧で荷電粒子を加速して（力，**運動エネルギー**；kinetic energy）中性粒子に衝突させ，電離や解離，励起などを引き起こすことで発生する。これらにより生じたイオンや原子および分子の励起種などは化学的に活性で，酸化や還元などの化学反応を引き起こす（**化学エネルギー**；chemical energy）。また，励起種が基底状態に戻る際には，遷移のエネルギー準位差に相当する波長の光を放射する（**光エネルギー**；light energy）。さらに電流を増

表6-1　プラズマのエネルギーとその応用

	性質	応用
放電プラズマ	熱	核融合発電，金属精錬，加工
	電気	MHD発電
		スイッチ，電磁波，静電気（集塵，塗装，コピー）
	力	加速器，ランチャー，衝撃波形，リサイクル，イオンエンジン，放電成形
	光	照明，レーザ，リソグラフィ，分光分析器
	化学	半導体プロセス，物質合成，環境応用（オゾン生成，ガス処理）

やすとジュール加熱が進行し、熱プラズマへと遷移する。熱プラズマの温度は1万度を超え、この高温は金属材料の切断・接合などに利用できる（**熱エネルギー**；thermal energy）。高電圧で加速された荷電粒子は微粒子などへ付着して、微粒子を帯電させる。帯電された粒子はクーロン力により一方の電極へ引き寄せられる（静電気，**電気エネルギー**；electric energy）。このように、高電圧・プラズマの多様な性質は、さまざまな産業や生活の中で利用されている。

6.2　コロナ放電が解決した公害問題

　日本の高度成長期にさまざまな産業が伸びていく中で、大きな社会問題として生じたのが公害による環境汚染である。工場から排出される煤煙・煤塵は大気汚染を引き起こし、付近の住民へ健康被害をもたらした。また工業化や都市化に伴う河川の汚染も、安全な飲料水の確保の点から大きな問題となる。高電圧・プラズマ技術のこれらの課題への貢献として、本節では、電気集じんによる微粒子捕集および、水の有機物分解、消毒、殺菌、漂白に用いられるオゾンの生成について学習する。

6.2.1　微粒子捕集

　コロナ放電の応用として**電気集じん機**（electrostatic precipitator；ESP）が挙げられる。火力発電所などのボイラーから排出されるガスには、石炭や重油の燃焼により発生した煤塵（フライアッシュ，fly ash）が含まれる。そのまま大気中に放出すると大気汚染の原因となる。電気集じんの工業化は1906年のコットレル（F. G. Cottrell）により行われた。原理は、煤塵などの微粒子をコロナ放電で発生したイオンで帯電（荷電）させ、静電気力によってガス流の中から取り除く。火力発電所のほかに製鉄所、化学工場、ごみ処理場などの排ガスからダスト（微粒子；dust）、ミスト（蒸気；mist）、ヒューム（異臭物質；fume）を捕集、除去するのにも広く利用されている。最近では、家庭用の空気清浄機の中でも小型の電気集じん機が利用されている。

電気集じん機の電極構成の例を図6-1に示す。円筒型の電極や平板の電極の中に直径1〜3 mm程度の細い金属線を配置する。金属細線はおもりなどを取り付けて，ゆるみをとる。平板電極の間隔は0.2〜0.4 m程度であり，金属細線へ50〜110 kVの負極性電圧が印加される。金属細線に変えて，より強い電界ひずみを作り出すように，突起付きの金属線電極を用いることもある。図6-2に，線対平板電極の電界分布の例を示す。2枚の平板に挟まれる3つの領域は，金属線（電極）の軸方向から見ている。金属線から放射状に伸びる線図は，電界の方向をあらわす。電界の強度は濃淡で示しており，金属線に近づくほど強くなっている。電荷を帯びた粒子は，電界によってクーロン力を受け，ガス流に対して垂直方向に加速されて，接地平板電極の方向へ移動して集じんされる。

帯電した粒子の振る舞いについて考える。半径 a の球微粒子の帯電量 Q を計算する。イオンの電荷を q とする。電界は金属細線への電圧の印加によって

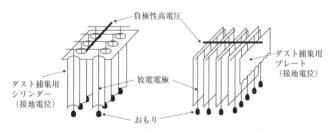

図6-1　電気集じん機の電極構成例[1]

（一般に，集じん機には負極性の高電圧が用いられるが，ガス処理などでは正極性の高電圧が用いられる）

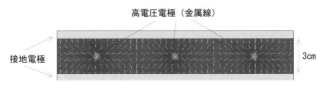

図6-2　電気集じん機中の電界ベクトル[1]

（各金属線の間隔は5 cm。空間の線図が電界の方向を，色の濃淡が電界の強度を示す。金属線近辺の電界は高い）

作り出される。微粒子近くの電界をE_0とする。イオンが電界に沿って動く力の大きさは，

$$f = qE_0 \tag{6.1}$$

となる。ここで，微粒子の帯電によって生じる微粒子表面の電界E_pは以下となる。

$$E_p = Q/(4\pi\varepsilon_0 a^2) \times \left(\frac{\varepsilon_r + 2}{3\varepsilon_r}\right) \tag{6.2}$$

ここで，ε_0は真空中の誘電率，ε_rは微粒子の比誘電率である。ε_rを含むカッコの項は，誘電体球とまわりのガスの境界領域で，誘電体表面に垂直な方向では電束（＝誘電率×電界）の大きさが，水平な方向では電界の大きさが等しくなるために現れる項となる。微粒子に近づいたイオンが受ける力は，

$$f' = qE_p \tag{6.3}$$

であり，イオンによる微粒子の帯電量Qは，イオンに働く力が釣り合うとき（$f = f'$），言いかえると，電圧の印加によるE_0と帯電のために生じる電界E_pの大きさが等しくなるときの値である。したがって，式(6.1)と式(6.2)より，

$$Q = 4\pi\varepsilon_0 a^2 \left(\frac{3\varepsilon_r}{\varepsilon_r + 2}\right) E_0 \tag{6.4}$$

となる。微粒子の帯電量Qは粒径が大きいほど，また外部電界が強いほど大きくなる。帯電した微粒子は，外部電界E_0により，式(6.1)と同様にクーロン力が加わる。微粒子の質量をmとすると運動方程式は，

$$QE_0 = 4\pi\varepsilon_0 a^2 \left(\frac{3\varepsilon_r}{\varepsilon_r + 2}\right) E_0^2 = m\ddot{x} \tag{6.5}$$

となる。ここで，$\ddot{x}$は集じん電極（接地平板電極）方向への加速度を示す。これは，帯電粒子は電界により一定の加速度で移動して，平均自由行程だけ進むことを示す。この運動は2章で学んだドリフト（図2-14）であり，衝突周波数νを用いて，帯電粒子のドリフト速度（集じん電極への粒子移動速度；migration velocity）v_dは以下となる。

$$v_d = \mu E_0 \text{（ただし，移動度}\mu = Q/m\nu\text{）} \tag{6.6}$$

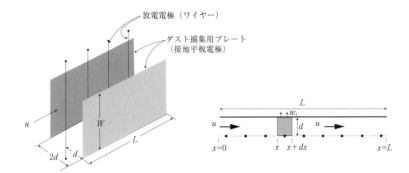

図6-3　集じん部の構造と寸法の定義

次に，線対平板電極状の集じん機の集じん率を求める。今，図6-3のように，集じん部を幅 W，長さ L の平板，距離 $2d$ を隔てて対向させた平板の中間（平板から距離 d）に高電圧のワイヤを配置する。平板間を流れるガス速度を u，またガスが流れる方向を x とし，荷電粒子が x の位置からガス流方向へ微小距離 dx だけ移動して $x+dx$ の位置へ来るとき，粒子の静電捕集によっておこる微粒子の濃度変化 $C(x+dx)-C(x)$ について考える。ガス流に対する断面積は $W \times d$，また集じん部面積は $W \times dx$ なので，x と $x+dx$ の間の領域の粒子バランスは以下のように表される。

$$uWd \times C(x) - uWd \times C(x+dx) - v_\mathrm{d} Wdx \times C(x+dx/2) = 0 \quad (6.7)$$

式を整理すると，

$$\frac{C(x+dx)-C(x)}{dx} + \frac{v_\mathrm{d}}{ud}C(x+dx/2)=0 \Rightarrow \frac{dC}{dx}+\frac{v_\mathrm{d}}{ud}C=0 \quad (6.8)$$

変数分離形で表すと，

$$\frac{dC}{C}=-\frac{v_\mathrm{d}}{ud}dx \quad (6.9)$$

となる。両辺を積分して初期条件（$x=0$ で $C=C_\mathrm{in}$）を用いると，

$$C=C_\mathrm{in}\exp\left(-\frac{v_\mathrm{d}}{ud}x\right) \quad (6.10)$$

となる。したがって，集じん塵率 η は以下のように示される。

$$\eta = \frac{C_{in} - C_{out}}{C_{in}} = 1 - \frac{C_{out}}{C_{in}} = 1 - \exp\left(-\frac{v_d}{u}\frac{L}{d}\right) \tag{6.11}$$

ただし，C_{in} および C_{out} はそれぞれ入口（$x = 0$）および出口（$x = L$）の粒子密度である。すなわち，ガス速度に対してドリフト速度（または，集じん電極への粒子移動速度）が速いほど，またワイヤーから平板までの距離に対して平板の長さが長いほど，捕集率は高くなる。ここで，ガス速度 U [m/s]の代わりに流量 Q [m³/s]（$Q = uWd$）を用いて整理すると以下となる。

$$\eta = 1 - \exp\left(-\frac{v_d WL}{Q}\right) = 1 - \exp\left(-v_d \frac{A}{Q}\right) \tag{6.12}$$

ただし，A は平板電極の面積（$A = WL$）である。これは**ドイッチェの式**（Deutsch-Anderson equation）と呼ばれる。Q/A は**比集じん面積**（specific collection area：SCA）で，集じん機の設計において重要となる。堆積した微粒子はその量が一定以上になると集じん極をたたいて落とし（つち打ち），装置下部に設けたホッパと呼ばれる捕集部に集められる。

6.2.2　誘電体バリア放電を利用したオゾン生成

オゾン（ozone）は強力な酸化力を持つにもかかわらず，長い時間放置しておくと酸素分子（O_2）にもどり，自然環境への影響はほとんどない。オゾンは，1839年に水の電気分解を行っていたシェーンバイン（C.F. Schönbein）により発見され，その後，3個の酸素（O）原子で構成された O_3 であることが明らかにされた。オゾンは殺菌作用や漂白作用，脱臭作用などを有しており，これらの性質を用いて上下水の処理，パルプの漂白をはじめ，医療機関，食品業界，家電製品など多くの分野で用いられている。プラズマを用いたオゾン生成の代表的なものに，1857年にジーメンス（Siemens）により開発された誘電体バリア放電（無声放電）を用いるものがある。本節では，誘電体バリア放電を用いた**オゾン発生器**（オゾナイザ：ozonizer）について説明する。

誘電体バリア放電は，4章で学んだように，電極間へ誘電体を挿入し，放電

を短時間で終了させ，イオンや中性ガスの温度を上げない放電である。電極間に電圧を加えると，空間の電界によりストリーマ放電が発生する。ストリーマ放電は，対向電極側へと進展するが，誘電体のバリアが存在すると，バリアの表面には放電によって運ばれた電荷が付着（帯電）し，電荷の作り出す電界によって放電の継続が妨げられる。このため，放電は誘電体表面上を進展した後，数十 ns の短時間のうちに終了する。バリア放電の進展に関する数値解析の例を，図 6-4 に示す。上側は金属電極で極性は負である。下側は比誘電率 3，厚さ 0.8mm の誘電体で覆われた陽極で，ギャップ長は 1 mm である。放電が始まって 5ns 後には，ストリーマ放電の進展を示す電子密度の高い領域が現れ，誘電体方向へ進展している。27.25ns では，誘電体表面に達した放電が，表面に沿って広がる様子を示している。電極間を進展している間はストリーマ放電と同じメカニズムであるため，3 章で述べたストリーマ放電と同様の電子温度（約 5 eV）や電子密度（約 10^{20} m^{-3}）となる。

　酸素ガスを原料として誘電体バリア放電を発生させた場合，放電により生じる高エネルギーの電子は酸素分子と衝突し，以下のような解離反応を引き起こし，酸素原子ラジカルを作り出す。

$$e + O_2 \rightarrow O(^3P) + O(^3P) + e \quad (6.1\,\mathrm{eV}) \quad (6.13)$$

$$e + O_2 \rightarrow O(^3P) + O(^1D) + e \quad (8.4\,\mathrm{eV}) \quad (6.14)$$

なお，O(^{3}P)，O(^{1}D) はエネルギー準位の異なる酸素原子を示す。反応式の右に示す（ ）内の数値は解離に必要なエネルギーである。反応式 (6.13) と (6.14) の反応前後のポテンシャルエネルギーの差はそれぞれ 5.12 eV，7.08 eV であるが，2 章で学んだように，いったんエネルギーの高い励起準位を経て解離するため，（ ）内のエネルギーが必要になる。これらの反応で生じた O は反応性に富み，活性種（ラジカル）と呼ばれ，他の原子や分子と化学反応を引き起こす。粒子がマクスウェル・ボルツマン（Maxwell-Boltzmann）の速度分布にしたがうと仮定すると，反応式 (6.13) に示す酸素ラジカルの生成に必要なエネルギーを持つ電子の割合は，電子温度が 3 eV および 10 eV の場合

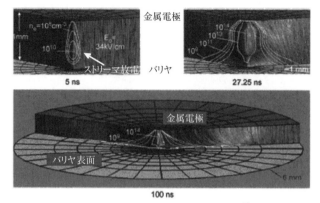

図6-4　バリア放電の進展の様子[8]

(5 ns：電極とバリアの間でストリーマ放電が進展，27.25ns：バリア表面に達した放電がバリア沿面を進展，100ns：バリアの広い領域に電荷が広がる)

で，それぞれ25％および75％となる．酸素ラジカルは，以下のような反応で，容易に酸素分子と結びつき，オゾンを作り出す．

$$O + O_2 + M \rightarrow O_3 + M; \quad k = 6.2 \times 10^{-46} \text{ m}^6/\text{s} \quad (6.15)$$

ここでMは第3物体を示す．

オゾナイザの性能を示す指針として，1時間あたりの発生量[g]や生成効率[g/kWh]がある．生成効率はプラズマ中での単位消費電力量（1 kWh）あたりに発生するオゾンの量（[O_3] g）である．工業用に利用されている一般的な装置の場合，オゾン生成のための原料として酸素を用いた場合，約120 [O_3] g/kWh になる．

生成効率は反応式（6.13），（6.14）の反応速度定数を用いて理論的に計算することができる．電子1個が1秒間に作る酸素原子数は $(2k_{e1}+2k_{e2})n_{O2}$ となる．ここで，k_{e1}，k_{e2} はそれぞれ反応式（6.13），（6.14）の速度定数[m^3/s]，n_{O2} は酸素分子密度[m^{-3}]である．電子が1秒間に進む距離はドリフト速度 v_d となるので，電子が電界方向に1 m進む間に生成される酸素原子数 n_0 は

$$n_0 = (2k_{e1}+2k_{e2}) \cdot n/v_d \quad (6.16)$$

となる．また，1個の電子が1 m動く間に電界から得るエネルギー ΔW は，

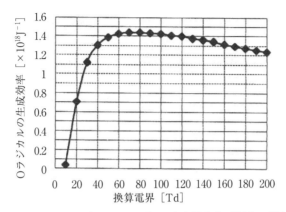

図6-5　酸素原子（Oラジカル）の生成効率と電界との関係[9]

電子の電荷を e [C], 電界を E[V/m]とすると,

$$\Delta W = eE \tag{6.17}$$

となる。したがって, オゾン収率は,

$$n_O/\Delta W = \frac{2(k_{e1}+k_{e2})}{ev_d(E/n)} \tag{6.18}$$

となる。反応速度の総和 $k_{e1}+k_{e2}$ は電界の関数となる。電子の移動速度も電界の関数となり, その結果, 図6-5のような効率曲線が求められる。生成効率の最大値は換算電界がおおむね80 Tdにおいて得られ,

$$(n_O/\Delta W)_{max} = 1.44 \times 10^{18} [個/J]$$
$$= 412[g/kWh] \tag{6.19}$$

となる[8]。実際の装置の生成効率は約 $120[O_3]$g/kWh であり, 計算値の30％以下となる。他の多くは熱として失われるものである。この熱はオゾンを分解する。このため, 誘電体や電極の冷却が必要になる。図6-6に示す産業用オゾナイザでは誘電体としてガラス管を用い, 外側の電極として金属の管を用いている。その周りを水冷し, 放電領域の温度の上昇を防いでいる。

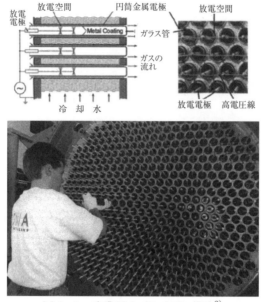

図6-6　産業用オゾナイザの構造[8]

6.3　電子デバイス産業を支えたグロー放電

　日本の輸出産業を支えてきたものとして，半導体などの電子デバイス産業があげられる．半導体デバイスが高集積化へ進む中で，欠かせない技術がプラズマを利用したプロセスとなる．この技術なしに，インターネットサービスを基調とするユビキタス社会，またさらにセンリング技術を組み合わせてサービスを行なうアンビエント社会の実現はありえない．本節では，これまで日本の半導体産業を支え，これからもさらなる高度化が求められるプラズマプロセスについて学習する．

6.3.1　プラズマプロセス

　集積回路（integrated circuit；IC）のコンセプトとは，可能な限り多くのト

ランジスタやキャパシタなどの素子を微細なチップの上に集積して，デバイスの小型化，記憶容量の増加，処理速度の高速化を図るものである．代表的な集積回路である DRAM（dynamic random access memory）の場合，64 メガビットのメモリ（256 ページの新聞紙の情報量に相当）だと約 1 億個のトランジスタが埋め込まれている．このような大規模集積回路を作るには，どこまで微細な加工が可能かが重要なポイントになる．生産ラインにおける最小加工寸法は 1997 年で $0.25\mu m$，2001 年は $0.1\mu m$ であったが，2016 年の最小プロセスルールは 14nm となっており，EUV（極端紫外線）リソグラフィを用いた 7 nm プロセスの技術開発が進められている．この様子を図 6 - 7 に示す．

図 6 - 8 に集積回路を作る基本的な行程の一部を示す．単結晶のシリコン棒（インゴット）をスライスした直径 20-30 cm の基板を，薬品（ウェット方式）やプラズマ（ドライ方式）を用いて洗浄する．その後，熱処理などにより基板上に酸化膜（SiO_2 などの絶縁膜）を形成する（①）．続いて回転したウェハ上に光に反応する炭化水素の重合膜であるホトレジスト（photo resist；感光性樹脂）を滴下して，②のように薄い膜を形成する．次に回路図を微小なフィルムに写しこんだマスクに，③のように波長の短い光（紫外線など）をあて，ホトレジストを露光する．感光した部分を現像液で洗い流すと，④のように回路の転写が終わり，**リソグラフィ**（lithography；写真蝕刻）行程が終了する．次に⑤のように，反応性の高いプラズマにさらしてホトレジストのない部分の薄膜を垂直に掘り進む（**エッチング**：etching）．最後に⑥のようにホトレジストを酸素プラズマによって取り除く．この過程はレジストが酸素と結びついて燃えて CO_2 と H_2O になるので**アッシング**（ashing；灰化）と呼ばれている．イオン注入による不純物のドーピングは p 形や n 形半導体層に用いられており，MOSFET（metal-oxide semiconductor field effect transistor）の工程に使用されている．その他，キャパシタなどの回路素子，配線，保護膜などはプラズマを用いて作製されている．

図 6 - 9 に，具体例として，集積回路を作る加工プロセスの中でももっとも微細なパターンを作製する必要のある MOS（metal-oxide semiconductor）ト

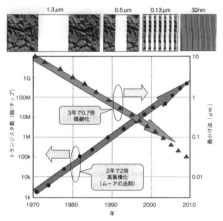

図6-7　半導体の微細化と高集積化[10]

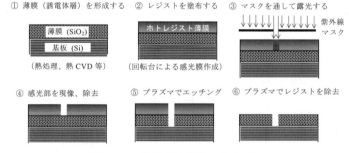

図6-8　集積回路製造の基本工程

ランジスタのゲート電極として用いる poly-Si の加工工程の一部を示す。ゲート電極はトランジスタのチャネル長を決定するため，形状のばらつきは特性のばらつきに直結する。加えて下地のゲート絶縁膜（SiO_2）の厚さはわずか数 nm なので，poly-Si を高精度で加工しつつ下地の SiO_2 を削らないといった高い選択比が同時に求められる。Si はハロゲン系の原子と結びついて揮発性の高い反応性の高い反応生成物を形成できるため，一般には，F，Cl，Br などの活性種が加工に用いられる。工程としてはレジストマスクの等方的な加工と所望のパターンサイズを実現するスリミングを行い（図6-9 (b)，(c)），Si の形

6.3 電子デバイス産業を支えたグロー放電　　　　143

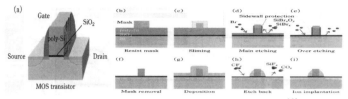

図6-9　トランジスタのゲート電極の作製工程[11]

状を整えるための二段階でのエッチング（図6-9(d)，(e)）といった複数のプラズマ処理を連続して行う．その後，マスクの除去（図6-9(f)），SiO$_2$成膜（図6-9(g)），スペーサーを絶縁膜（SiO$_2$など）のエッチバック（図6-9(h)）により形成し，さらにソース，ドレイン領域に高濃度の不純物をイオンドーピングで注入することで（図6-9(i)），基本となるMOSトランジスタの構造が実現される（図6-9(a)）．

6.3.2　プラズマエッチング

エッチングとはリソグラフィ工程でホトレジストに作った微小間隔（<1 mm）のすきまにイオンや反応性の高い粒子を導き，穴や溝などのパターンを作製する工程である．これにはゲートやキャパシタを構成するためのポリシリコン（poly-Si）のエッチングや，配線工程でのメタル（Alなど）のエッチングや，溝を掘るための酸化膜（SiO$_2$）のエッチングなどがある．

高周波放電を用いたエッチング装置の一例を図6-10に示す．高周波放電のプラズマの電位 V_p は電気的中性を維持するために，常に電極より，そのガスの電離電圧以上に高くなる．ここでエッチング対象物を置いた電極に負極性の電圧 $-V_{dc}$ を加えてみる．図6-11に示すように，この電極とプラズマの間にはシースと呼ばれる空間電荷層（イオン密度＞電子密度）が形成される．シースには電極とプラズマとの電位差 $V_p + V_{dc}$ が加わる．プラズマから飛び出したイオンはこの電位差で加速され，基板面に垂直に入る．ここで重要になるのはバイアス電圧や真空容器内のガス圧である．もっとも微細な加工を必要とする箇所はトランジスタをカバーする絶縁膜である酸化膜を掘り進むコンタクト

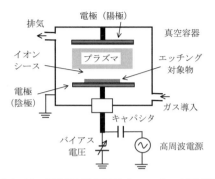

図6-10　平行平板高周波式エッチング装置[9]

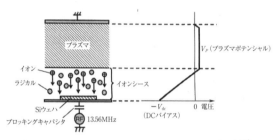

図6-11　イオンシースによるイオンの加速[10]

ホールの加工となる．エッチングに使用するガスは，プラズマによりラジカルと呼ばれる反応性に富む中性粒子も生成される．このため，ガス圧が高く，粒子の平均自由行程よりシースが厚い場合は，図6-12(a)に示すように，等方性エッチングの傾向が強くなる．バイアス電圧が小さい場合もイオンが加速されずに，等方性エッチングの傾向が強くなる．シースはプラズマ密度が上がるほど薄くなるので，プラズマの高密度化，適切なバイアス設定，ガス圧の適正な設定で，図6-12(b)に示すように，**異方性エッチング**（anisotropic etching）とすることが重要になる．

集積回路の作製において，配線の絶縁や層間の絶縁にもっともよく用いられているものがシリコン酸化（SiO_2）膜である．これのエッチングには CF_4 や C_2F_6，C_4F_8 のような炭素とフッ素を含むフルオロカーボン（fluorocarbon）の放電が用いられる．この理由は，フッ素が SiO_2 の Si と反応して SiF_4 分子を，炭

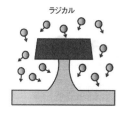 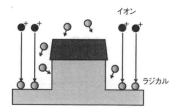

(a) ラジカルによる等方性エッチング　(b) イオンアシスト反応による異方性エッチング

図 6-12　等方性と非等方性エッチング

素が SiO_2 の O と反応して CO 分子を作るため，固体の SiO_2 をそれらの気体に変えて削りだすことができるためである。CF_4 を例にとると，まず CF_4 はエネルギーの高い電子との衝突で反応性の高いラジカルやイオンに分解される。すなわち，

$$CF_4 + e \rightarrow CF_3, CF_2, CF, F, C およびそれらのイオン$$

に分解される。それらイオンはシースで加速され，SiO_2 膜に飛び込む。このうち C や F 原子の一部は SiO_2 と反応して SiF_4 と CO に変わり，残りは CF_2 と CF_4 となって気相へ戻る。この反応は，等価的に，以下のように書ける。

$$SiO_2(s) + 2CF_2 \rightarrow SiF_4 \uparrow + 2CO \uparrow \qquad (6.20)$$

SiO_2 絶縁層のエッチング工程例を図 6-13 に示す。ここで重要なのは選択性になる。SiO_2 層のエッチングが終わり，Si 基板となって O がない状態になると，C 原子は O と反応できなくなり，CF 系のポリマーが厚膜化してエッチング面を塞ぐ。ただし，F 原子が多いなどで選択性が低い場合，さらにエッチングが進んでしまう。このようなプロセスで絶縁膜のエッチングを行った例を図 6-14 に示す。半導体のデバイスの高集積化に伴って，多層配線とコンタクトホール加工が重要になってきている。高精度のエッチングはこれらを支える技術である。

6.3.3　プラズマ成膜

多くの物質を基板表面に堆積させることを成膜という。**CVD 法**（chemical

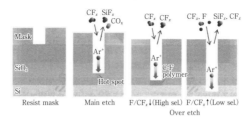

図6-13　SiO$_2$絶縁層のエッチング[11]

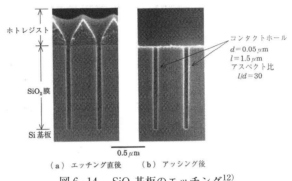

図6-14　SiO$_2$基板のエッチング[12]

vapor deposition；化学蒸着法）は原料ガスを基板上に供給し，気相中または基板表面での化学反応により，膜を堆積させる方法である．化学反応を起こすのにガスを1,000℃程度まで加熱する熱CVD法と，気体放電を用いるプラズマCVD法とがある．後者の利点は，電子衝突により反応性に富んだ活性種を作り出すので，低温でプロセスを起こせることである．これは太陽電池や液晶ディスプレイ用薄型トランジスタ（thin film transistor；TFT）で必要となる大面積シリコン薄膜の作製などに用いられる．

平行平板高周波放電型プラズマCVD装置の一例を図6-15に示す．接地電位の基板ホルダ上にガラス基板を置き，150-300℃に基板温度を制御する．原料ガスとしてモノシラン（SiH$_4$）を高電圧電極側から供給し，数十Pa（数百mTorr）で放電させると，電子密度10^{15} m^{-3}程度のプラズマが発生する．プラズマの中では高エネルギー電子がSiH$_4$分子と衝突するため，次のような解離

6.3 電子デバイス産業を支えたグロー放電

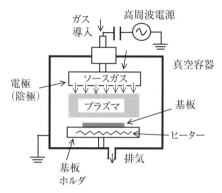

図6-15　平行平板型プラズマCVD装置[9]

や電離が起こる。

$$SiH_4 + e \rightarrow SiH_3 + H + e \ (8.75eV) \tag{6.21}$$

$$SiH_4 + e \rightarrow SiH_2 + H_2 + e \ ; \ SiH^- + H_2 + H + e \ (9.47eV) \tag{6.22}$$

$$SiH_4 + e \rightarrow SiH_x^- + (4-x)H \ (10eV) \tag{6.23}$$

$$SiH_4 + e \rightarrow SiH^* + H_2 + H + e \ ; \ Si + 2H_2 + H + e \ (10.33 \ eV) \tag{6.24}$$

$$SiH_4 + e \rightarrow Si^* + 2H_2 + e \ (10.53eV) \tag{6.25}$$

$$SiH_4 + e \rightarrow SiH_3^+ \ (12.3eV), \ SiH_2^+ \ (11.9eV),$$
$$SiH^+ \ (15.3eV), \ Si^+ \ (12.5eV) \tag{6.26}$$

これらの反応から，中性ラジカル（SiH_3, SiH_2, SiH, Si）や H_2，H，イオン種（SiH_x^+, H_x^+）が生成される。このうちもっとも多い活性種は SiH_3 であり，通常 10^{18} m^{-3} 程度に達する。SiH_3 の一部は，基板と反応して**ダングリングボンド**（dangling bond；未結合手）を形成する。

$$SiH \ (s) + SiH_3 \rightarrow Si\text{-} + SiH_4 \uparrow \tag{6.27}$$

ここでSi-で示されるダングリングボンドのところに SiH_3 が拡散などで移動してくると，両者は不対電子同士を共有して結合し，ダングリングボンドを終端させる。

$$\text{Si-} + \text{SiH}_3 \rightarrow \text{Si-SiH}_3 \qquad (6.28)$$

このようにして，膜（水素化アモルファスシリコン；a-Si:H）は成長する。ここで重要になるのが基板の温度である。温度が500℃以上と高いと，熱により水素が抜け，欠損を作り出される。また温度が室温程度と低い場合も，SiH_3 が表面を移動できず，欠損の多い膜となる。このため基板温度は250℃程度に保つ必要がある。

6.4 機械材料の表面処理に役立つグローおよびアーク放電

工業製品や部品に要求される性質は，強いこと，硬いこと，弾力性があること，美しいこと，腐食し（錆び）にくいなど，使用する環境や用途により異なる。これらの要求を満たすために，金属，プラスチック（高分子材料），セラミックなど，いろいろな材料が選ばれる。これらの製品や部品には，競争に勝ち抜くため，また消費者のニーズにより，新たな要求がなされることが多い。多くの場合，この要求は最初の要求を満たすために選ばれた材料では対応できない。この場合，材料の変更が選択肢のひとつとなるが，目的にかなう材料を見つけるのは困難である。見つかった場合でも非常に高価で工業製品としては不適格な場合が多い。このような場合に有効になるのが，表面のみに新たな特性を持たせる**表面処理**（surface treatment）である。

材料の表面処理は，表面の状態で図6-16のように分類される。①の形状変化は単独ではなく，他の表面処理の前処理として用いられることが多い。溶射によるコーティングは材料表面に凹凸があるほうが，アンカー効果により，密着性がよくなる。この場合，前処理としてエッチングなどにより，故意に基材表面に凹凸を作る。逆にイオンの運動エネルギーで材料をたたき出し，それを材料表面に堆積させる**スパッタ堆積法**（sputter deposition）などの **PVD法**（physical vapor deposition；物理蒸着法）や CVD法では，滑らかなほうが密着性はよくなる。この場合，前処理として研磨が用いられる。②のコーティングは塗装のように基材とはまったく異なる材料を表面に塗布し，基材と処理層

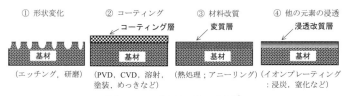

図 6-16　表面処理の分類[9]

の境界が明確である。③の材料改質には，たとえば焼き入れで表面を硬化させ，耐磨耗性を向上させる。④は熱拡散により，表面から元素が染み込むので，元素の濃度は表面から内部に向かって減少するため，明確な境界は存在しない。これらの処理を複数用いる場合も多い。

　工業的に頻繁に用いられる金属のコーティングとして，①酸化物（TiO_2，Al_2O_3），②炭化物（TiC，W_2C），③窒化物（TiN，AlN，CrN，TiAlN，TiCrN，TiCN）が利用される。これらは絶縁膜の形成や耐腐食，光学的特性を得るために使用されるが，もっとも利用されるのが硬化により磨耗の低減を目的としたものである。特に窒化物系硬質膜は，適用できる材料の範囲が広い，応用の範囲が広い，薄い層で大きな改質効果が得られる，などの理由から盛んに利用されている。

　窒化物系硬質膜の形成には，ガス窒化やプラズマ（イオン）窒化など母材の表面に直接窒化層を形成するもの以外に，金属材料と窒素の気相反応での生成物で母材をコーティングするものがある。後者の方法として，前節で学んだ CVD（熱 CVD，プラズマ CVD）と PVD があげられる。PVD には，真空蒸着法（vacuum deposition），スパッタリング法（sputtering），イオンプレーティング法（ion plating）がある。スパッタリング法を，図 6-17(a)に示す。減圧した環境下で固体ターゲットにイオンを衝突させ，ターゲットの金属原子をたたき出し（スパッタリング），プラズマ中で気体と反応させて，母材の上に堆積させる。図には高周波放電でイオンを作る"RF スパッタリング"を描いているが，よく利用されるのはマグネットを利用して成膜速度を上げる"マグネトロンスパッタリング"である。イオンプレーティング法は，図 6-17

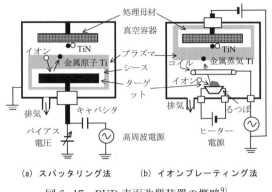

(a) スパッタリング法　　(b) イオンプレーティング法
図6-17　PVD表面改質装置の概略[9]

(b)のように，真空中で蒸発した金属や化合物のガスがイオン化して，負の電圧を印加した母材に叩きつけて皮膜を形成することである．密着性がいいことから切削工具や金型など，使用条件の厳しいものに用いられる．蒸発法としては，オーブンや電子ビームなどで加熱する方法，アーク放電を利用する方法などがある．蒸気は高周波コイルなどを利用してイオン化を促進するものである．

窒化物を利用した皮膜としてもっともよく利用されているものは，窒化チタン（TiN）である．これはビッカース硬度（Vickers hardness）で2,000 Hv程度の硬質膜で，工具や金型，自動車の部材として使用される．しかし500℃を超えると酸化して，酸化チタン（TiO_2）となり本来の硬度が失われる．このため摩擦などで高温になる箇所では，高温酸化特性に優れたTiAlNなどが用いられる．今後の工業利用へ向けて，立方晶窒化ホウ素（cBN；cubic boron nitride）など，いろいろな材料を組み合わせた表面処理の研究開発が，現在も精力的に進められている．

6.5　地上の太陽（核融合）を目指して

6.5.1　核融合反応

私たちの暮らしを支えるエネルギーインフラに，高電圧技術は欠かせない．

1章でも学習したように，家庭へ送る電気を，通常の送電線で送るように 276 kV などへ昇圧することなく 100 V で送った場合，われわれの家庭に届くことなく，すべて電線の中で熱に変わって失われる。また，高電圧に昇圧した電気を送る電線にも，絶縁破壊を起こさないための絶縁設計などで高電圧工学の技術が用いられる。

エネルギーインフラを支えるのみでなく，プラズマを利用して高エネルギー密度状態を維持し，**核融合反応**（nuclear fusion）を引き起こして電気を作り出す，プラズマ核融合炉の開発が進められている。プラズマ核融合炉は，地上に人工の太陽を作ることに例えられる。太陽は半径 6.96×10^5 km，質量 1.99×10^{30} kg の，巨大なプラズマのかたまりである。この巨大な質量を支えるため，太陽中心部は密度 156×10^3 kg/m³，温度 1,550 万 K と，非常な高温高密度状態となる[10]。このため，**p-p 反応**（陽子-陽子連鎖反応；proton-proton chain reaction）とよばれる熱核融合が起こり，太陽の放射エネルギーなどの供給源となる。この反応は最終的な生成物のみで簡略化すると，

$$4H + e^- \rightarrow 4He + e^+ + 26.72 \text{ [MeV]} \tag{6.29}$$

となる（演習問題 5 参照）。ここで e^-，e^+ は電子および陽電子を表す。1 MeV は 1.6×10^{-13} J なので，式 (6.29) の反応で生成されるエネルギーは 4.3×10^{-12} J となる。水素 1g は 6.0×10^{23} 個の水素原子が含まれるので，1 g の水素の反応で生じるエネルギーは 6.4×10^{11} J となる。1 g の石炭の発熱量は 7,500 cal（1 cal ≒ 4.2 J）なので，1 g の水素から得られるエネルギーは石炭約 20t に相当する。核融合反応のエネルギーの大きさがよくわかる。

原子核の質量は，構成する中性子と陽子の和より，わずかに少ないことが知られている。構成粒子の質量の和と原子核の質量の差は**質量欠損**（mass defect）と呼ばれており，これは原子核が形成されたときに，質量が**結合エネルギー**（binding energy）に転換されたことを意味する。図 6-18 に，原子核の質量数に対する結合エネルギーを示す。質量の軽い原子は質量の重い粒子に変換される際にエネルギーを放出し（核融合），ウランなど重い原子は分裂する際にエネルギーを放出する（核分裂）。前者を利用して発電する方法を核融合

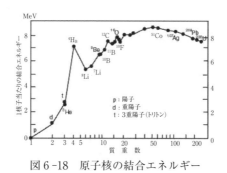

図6-18 原子核の結合エネルギー

発電,後者の発電法を原子力発電と呼び,後者はすでに実用化されている。

6.5.2 プラズマを用いた核融合

プラズマを用いる核融合発電は,プラズマの応用の中で,もっとも大規模で,高度な技術となる。核融合を実現する核融合炉はいくつか提案されているが,代表的なものは**磁気閉じ込め方式**(magnetic confinement fusion)となる。核融合を引き起こすためには,原子同士を近づけて反応を起こす必要がある。このためポテンシャルバリアを超えるだけの高いエネルギー(数億℃を超える非常に高い温度)と,衝突が頻繁に起こるための高い粒子密度(高密度)が必要とされる。このようなプラズマは,高融点材料の金属でも容易に溶かすため,磁場でプラズマを閉じ込めて,核融合炉の容器と距離をとる。

核融合反応の起こりやすさは,反応断面積の大きさに依存する。現在は,反応断面積のもっとも大きなD-T反応を中心に進められている。これは水素の同位体の重水素D (deuterium; ^{2}H) と,三重水素T (tritium; ^{3}H) を融合させて,ヘリウムα粒子^{4}Heと中性子nを作り出す。

$$^2D + {}^3T \rightarrow {}^4He + {}^1n + 17.6 \text{ [MeV]} \tag{6.30}$$

この反応で放出されるエネルギーは17.6 MeV($= 2.82 \times 10^{-12}$ J)である。これは,以下のような質量欠損より求まる。

反応前の全質量;D (2.01410u) + T (3.0160494u) = 5.030149u
反応後の全質量;He (4.00260u) + n (1.008665u) = 5.011265u

質量欠損；5.030149u － 5.011265u ＝ 0.0188844u

ただし，uは1原子量の質量（1.66×10^{-27} kg）である．アインシュタインの質量とエネルギーの関係式

$$E = mc^2 \quad (c \text{ は光速；} 2.998 \times 10^8 \text{ m/s}) \tag{6.31}$$

を用いてエネルギーが2.82×10^{-12} Jと求まり，単位をJからeV変換することで17.6 MeVとなる．

核融合ではプラスの電荷を持った原子核同士を反応させる．それには，プラス同士で反発する（クーロン反発）ポテンシャルのバリアを超える必要がある．これには，DとTの核に非常に高い熱速度を与えて衝突させる必要がある．これは**熱核融合**（thermonuclear fusion）と呼ばれ，現在の方式の主流となっている．D-T反応の場合，100 keV付近で反応断面積σが最大になる．プラズマのエネルギー分布は，マクスウェル・ボルツマン分布にしたがうため，高温のプラズマになるほど，高速vで運動する粒子の割合が増えてくる．また，衝突回数νは，DとTの粒子密度n_Dおよびn_Tに比例して増加し，以下の式となる．

$$\nu = n_D n_T \langle \sigma v \rangle \tag{6.32}$$

ただし$\langle \sigma v \rangle$は，粒子の速度分布に対する平均で，反応率と呼ばれる．DとTの比を1:1とすると，それぞれの粒子密度はイオン密度をn_iとして，$n_D = n_T = n_i/2$となる．式（6.30）のD-T反応で発生するアルファ粒子^{4}HeのエネルギーをE_α（＝ 3.5MeV）とすると，このアルファ粒子によるプラズマ加熱パワーP_αは以下となる．

$$P_\alpha = n_D n_T \langle \sigma v \rangle E_\alpha = \frac{n_i^2}{4} \langle \sigma v \rangle E_\alpha \tag{6.33}$$

一方，プラズマの内部エネルギーは$3 n_i k T$（ただし，Tはプラズマ温度，kはボルツマン定数）で，これが熱伝導や放射で失われる時間をt_Eとすると，単位時間，単位体積当たりにプラズマから失われるパワーP_Lは以下となる．

$$P_L = \frac{3 n_i k T}{\tau_E} \tag{6.34}$$

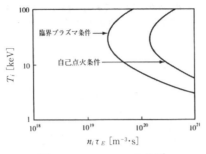

図6-19 ローソン条件[17]

加熱と損失がバランスするときに自己点火が起こる. これを**自己点火条件**(**ローソン条件**；Lawson criterion) と呼び, 以下の式となる.

$$\frac{n_i^2}{4}\langle\sigma v\rangle E_\alpha = \frac{3n_i kT}{\tau_E} \Rightarrow n_i\tau_E = \frac{12kT}{\langle\sigma v\rangle E_\alpha} \quad (6.35)$$

$\langle\sigma v\rangle$もエネルギーに依存するため, 図6-19のように示される. ここで, 臨界プラズマ条件は, プラズマへの加熱で投入する電力と, 核融合反応で取り出されるエネルギーが等しくなる条件である.

6.5.3 プラズマの磁気閉じ込め

図6-20に, プラズマを閉じ込めるための磁場配位例を示す. ミラー型磁場配位は, 2つの強い磁場(B_{max})で弱い磁場(B_0)を挟み込む構造となる. このとき, 荷電粒子の速度vの, 水平方向の速度$v_{/\!/}$は, 垂直方向の速度を$v_\perp$として, 以下の式で示される.

$$v_{/\!/} = \pm v\sqrt{1-\frac{2\mu_m B}{mv^2}} \quad \text{ただし, } \mu_m = \frac{mv_\perp^2}{2B} \quad (6.36)$$

したがって, $2\mu_m B_{max}/mv^2$が1より大きい場合, 水平成分の速度は0となり, 磁場端部付近で反射される. すなわちプラズマは閉じ込められる.

トカマク型磁場配位では, トロイダルコイルに電流を流し, ドーナッツ状のトーラスに沿ったトロイダル方向の磁場を作り出す. 荷電粒子は磁場に絡んでらせん運動をする性質があるので, 磁場に沿った形でプラズマが閉じ込められ

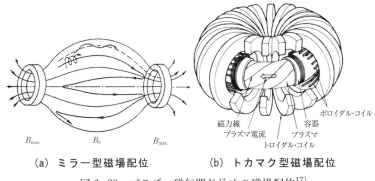

(a) ミラー型磁場配位　　(b) トカマク型磁場配位

図 6-20　プラズマ磁気閉じ込めの磁場配位[17]

る。しかし磁場の大きさには勾配があるため，この磁場勾配による荷電粒子のドリフトで電荷の極性によって分離される。この分離により生じる電界により，荷電粒子が壁側に移動して，プラズマの閉じ込めが崩される。トカマク型磁場配位では，さらにポロイダル方向に磁場を作ることで，荷電粒子を中心付近に引き戻すとともに，トロイダル方向に電流を誘導して，プラズマの閉じ込めが崩れないように，工夫がなされている。

演習問題

(1) 直径 40μm の花粉を 1 kV/cm の電界中に置いた場合の帯電量を求めよ。ただし，比誘電率は 3 とする。

(2) Q [C] に帯電した重さ m [kg] の花粉が E [V/m] の電界で受ける力 F [N] を求めよ。また d [m] で隔てられた電極でこの花粉を捕集するのに必要な流れ方向の電極の長さ L [m] を求めよ。ただし，流れの速さは v [m/s] とする。

(3) オゾン生成に関する反応は熱化学では

　　$O_2 \rightarrow 2O - 118$ kcal：吸熱反応

　　$O + O_2 \rightarrow O_3 + 25$ kcal：発熱反応

である。これらをもとに理論上での収率（$[O_3]$g/kWh）を計算せよ。

(4) オゾンを光で酸素に

$$e + O_2 \rightarrow O(^3P) + O(^3P) + e \quad (6.1\,\text{eV})$$

の反応で解離させて作るために必要な波長を求めよ。また，その波長域はなんと呼ばれているか述べよ。

(5) 式（6.23）で示す p-p 反応で発生するエネルギーの 26.72 MeV を導出せよ。ただし，1H の質量は 1.00782u，4He の質量は 4.0026u（ただし，u は 1 原子量の質量；1.66×10^{-27} kg）とする。

[**実習**：*Let's active learning!*]

(1) イオンクラフト（リフター）を作って実験してみよう！

　高電圧でイオン風を発生し，空中浮遊をする装置としてイオンクラフト（リフター）があります。材料は，金属細線（エナメル線など），アルミ箔，ストローなどです。高電圧は，コッククロフトーウォルトン回路と呼ばれるもの（スタンガンなどに用いられている回路です），冷陰極管用の電源が利用できます。作り方はインターネットなどに出ています。調べて作ってみましょう。また，電子天秤を利用すると推力も計測できます。加える電圧の大きさと推力の関係を調べましょう。なお，この原理は，小惑星探査機「はやぶさ」の推力のイオンエンジンとおなじです。

演習解答

(1) 帯電量は式（6.4）より

$$Q = 4\pi\varepsilon_0 a^2 \left(\frac{3\varepsilon_r}{\varepsilon_r+2}\right) E_0 = 4\pi \times 8.854 \times 10^{-12} \times \left(\frac{40 \times 10^{-6}}{2}\right)^2 \left(\frac{3 \times 3}{3+2}\right) \times 1.0 \times 10^5$$

$$= 8.011 \times 10^{-15} [\text{C}] = 0.00801\,[\text{pC}]$$

(2) 花粉に働く力は式（6.5）より，$F = QE$ となる。花粉の電極方向への変位 x は，初期変位および初期速度を 0 とすると，式（6.6）より以下のようになる。$x = \frac{1}{2}\ddot{x}t^2 = \frac{QE}{2m}t^2$　ここで，花粉が電極を通り抜けるまでの時間 t

6.5 地上の太陽（核融合）を目指して　　157

は L/v なので，電極の出口での花粉の変位は，$x=\dfrac{QE}{2m}\left(\dfrac{L}{v}\right)^2$ となり，花粉が電極で捕集される条件は，$\dfrac{QE}{2m}\left(\dfrac{L}{v}\right)^2>d$ となる．したがって，捕集に必要な電極の長さは以下となる．$L>\sqrt{\dfrac{2md}{QE}}\,v$

(3) 熱化学反応式より

$\qquad 3O_2 \rightarrow 2O_3\ -68\text{kcal}$

となる．1 mol のオゾンを生成するのには 34 kcal 必要となる．この関係を電気的な単位に換算すると，約 $1200[O_3]\text{g/kWh}$ となる（実際の収率はこの理論収率の約 1/10 ということになる）．

(4) 光エネルギーは解離に必要なエネルギーより高くなることより，
$h\nu=h\dfrac{c}{\lambda}=\dfrac{1.988\times 10^{-25}}{\lambda}[\text{J}]>6.1[\text{eV}]=6.1\times 1.602\times 10^{-19}=9.772\times 10^{-19}[\text{J}]$
ここで，h はプランク定数，c は光速，ν は振動数，λ は波長．したがって，
$\lambda<\dfrac{1.988\times 10^{-25}}{9.772\times 10^{-19}}=203.4[\text{nm}]$ となる．この波長は紫外線（厳密には，波長 380-200nm は近紫外線，波長 200-10nm は遠紫外線もしくは真空紫外線）と呼ばれる．

(5) 1回の反応による質量欠損は，
$1.00782\text{u} \times 4 - 4.0026\text{u}=0.0287\text{u}$
アインシュタインの式を用いてエネルギーに変換すると，
$mc^2=(0.0287\times 1.66\times 10^{-27})\times(2.998\times 10^8)^2=4.29\times 10^{-12}[\text{J}]$
これを eV に変換すると，

$4.29\times 10^{-12}[\text{J}]=\dfrac{4.29\times 10^{-12}[\text{J}]}{1.6\times 10^{-19}[\text{J/eV}]}=26.8\times 10^6[\text{eV}]=26.8[\text{MeV}]$

引用・参考文献

1） 行村建編著：放電プラズマ工学，オーム社，2008．
2） 静電気学会編：静電気ハンドブック，オーム社，1998．
3） 橋本清隆，足立宜良：静電気とその工業への応用，東京電機大学出版局，

1969.
4）花岡良一：高電圧工学，森北出版，2007.
5）電気学会編：電磁気学，オーム社，1998.
6）Harry J. White：Industrial Electrostatic Precipitation, Addison-Wesley Publishing Company, Inc. 1963.
7）杉光英俊：オゾンの基礎と応用，光琳，1996.
8）U. Kogelschatz : "Dielectric-barrier Discharges: Their History, Discharge Physics, and Industrial Applications", Plasma Chemistry and Plasma Processing, Vol. 23, No. 1, pp. 1-46, 2003.
9）田畑則一：「オゾンの発生と生成効率」，プラズマ・核融合学会誌，74巻，pp. 1119-1126, 1998.
10）野尻一男：はじめての半導体ドライエッチング，技術評論社，2012.
11）辰巳哲也：「半導体デバイス加工におけるプラズマ制御技術」，応用物理，85巻，9号，pp. 761-768, 2016.
12）菅井秀郎：プラズマエレクトロニクス，オーム社，2000.
13）小島啓安：現場のスパッタリング薄膜Q&A，日刊工業新聞社，2015.
14）仁平宣弘，三尾淳：はじめての表面処理技術，工業調査会，2012.
15）飯島徹穂，近藤信一，青山隆司：はじめてのプラズマ技術，森北出版，2011.
16）川田重夫：プラズマ入門，森北出版，2016.
17）高村秀一：プラズマ理工学入門，森北出版，1997.
18）プラズマ・核融合学会編：プラズマエネルギーのすべて，日本実業出版社，2007.
19）秋山秀典編著：高電圧パルスパワー工学，オーム社，2003

7章　高電圧をつくるには

これまでに説明したように高電圧パルスパワーは，空間的，時間的圧縮により瞬間的な大電力や高エネルギー密度を得られることを学んだが，本章ではどのようにして高電圧を発生できるかについて学ぶ．大きく分けて高電圧の発生には，直流高電圧，交流高電圧，インパルス高電圧の発生の3つに分けられる．それぞれの発生方法について電気回路を通して学習する．

7.1　直流高電圧を発生させよう

7.1.1　基本となる整流回路；半波整流回路と全波整流回路

わが国に限らず世界中の国では，国内の送電には交流送電方式を採用している[1]．直流高電圧を得るためには交流を直流に整流する装置が必要であり，その簡易な方法として，整流子を用いる方法が挙げられる．交流高電圧を直流に変更した場合，国際規格である IEEE 4-1978 では，高電圧試験を行う際の試験電圧は以下の様に定義される．

$$V_\mathrm{d} = \frac{1}{T}\int_0^T v(t)dt \tag{7.1}$$

交流電圧 $v(t)$ を周期 T によって積分した平均値となる．このときの整流器を通して生成された試験電圧は，時間によって大きさが変化する．これを**脈動電圧**（ripple voltage）として定義し，以下の式にしたがう．

$$\delta V = \frac{1}{2}(V_\mathrm{max} - V_\mathrm{min}) \tag{7.2}$$

δV で表される脈動電圧の大きさは，最大電圧 V_max と最小値電圧 V_min の差の半分として定義される．また，**脈動率**（ripple factor）は，脈動電圧と平均電

---

(1)西ヨーロッパの国同士の送電には直流送電方式が採用されている．
国内では，佐久間周波数変換所，新信濃変電所，東清水変電所等で利用されている．

圧その比で表すことができ，$\delta V/V_d$ となる．試験電圧は脈動率を低く抑えることが望ましい．

　半波整流回路（half-wave rectification circuit）の回路図を図7-1に示す．交流電圧は，ダイオード D を通して，半波整流される．コンデンサ C がない場合の出力波形は図7-1(b)となり，電圧波形の負の半波部分は，ダイオードによって阻止される．このときの脈動電圧の最大値は，理想ダイオードにおいて V_{max} と非常に大きい．そこで，負荷に並列にコンデンサ C を接続することで，出力電圧が V_{max} から V_{min} に至るまでの間，コンデンサに充電された電荷が負荷へ放電されるため脈動が低減される．

　全波整流回路（full-wave rectification circuit）では，半周期ごとに方向が変わる電流に対して同方向に負荷へ電流が流れる構造となっている．半周期ごとに各々に動作するダイオードによって実現しており，その回路構造の違いからセンタータップ式全波整流器，ダイオード型全波整流器の二種類がある．図7-2に全波整流回路と出力波形を示す．センタータップ式全波整流器では，交流電圧の半周期毎にダイオード D_1 と D_2 が交互にターンオンすることによって，負荷に一定方向の電流を流している．図7-1(b)の負の半波を，ダイ

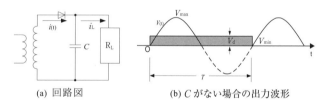

(a) 回路図　　　　　(b) C がない場合の出力波形

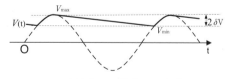

(c) C を接続した場合の出力波形

図7-1　半波整流回路と出力波形

7.1 直流高電圧を発生させよう

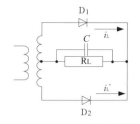 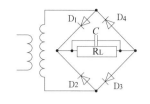

(a) センタータップ式全波整流器　(b)ダイオード式全波整流器

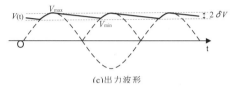

(c)出力波形

図7-2　全波整流回路と出力波形

オードによって整流することができる．ダイオード型全波整流器では，4つのダイオードを利用することで，正の半波では D_1, D_3 がターンオンし，負の半波では D_2, D_4 がターンオンすることで負荷へ一定方向の電流を流している．

センタータップ式全波整流器では，二次側がセンタータップ式の変圧器を利用しなければならないため，その構造が複雑となるが，ダイオードの個数が少なくて済む．また，コンデンサを並列に接続することで半波整流の場合と比較して，負の半波も整流することができるため脈動電圧を小さくすることできる．

7.1.2　多段整流回路；ビラード回路とデロン-グライナッヘル回路
(1) ビラード回路

ビラード回路（Villard circuit）は図7-3に示すようにコンデンサ C とダイオード D から構成される．交流電源が負の半周期では，ダイオードがターンオンして，コンデンサは充電される．その後，正の半周期では，電源電圧にコンデンサの充電電圧が加わり負荷へ出力される．そのため，電源電圧に対して2倍の最大電圧をもった出力を得ることができる．

(2) デロン-グライナッヘル回路とチンメルマン-ウィトカ回路

図7-4は，上記のビラード回路にさらにコンデンサとダイオードを接続した回路であり，**デロン-グライナッヘル回路**（Delon Greinacher circuit）と呼ぶ。ダイオード D_1，コンデンサ C_1 の振る舞いはビラード回路と同じであり，その出力電圧によってコンデンサ C_2 は充電される。この出力波形は，ビラード回路と違い $2V_0$ まで平滑化される。

図7-5に示す回路が**チンメルマン-ウィトカ回路**（Zimmerman-Witka circuit）である。交流電源が負の半波ではコンデンサ C_1，C_2 をそれぞれ充電するため，$2V_0$ を基準とした振動波形が出力される。このときの出力波形の最大値は $3V_0$ となる。ダイオードとコンデンサの接続を増やしていくと，コッククロフト-ウォルトン回路と呼ばれる多段昇圧回路となる。

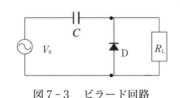

図7-3　ビラード回路

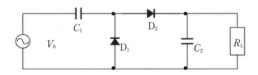

図7-4　デロングライナッヘル回路

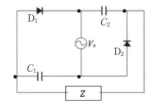

図7-5　チンメルマン-ウィトカ回路

7.1.3 コッククロフト-ウォルトン回路

前節では，2段，3段整流回路について説明したが，本節ではさらに多段化した**コッククロフト-ウォルトン回路**（Cockcroft-Walton circuit）について説明する。回路図を図7-6に示す。回路はビラード回路が基本であり，コンデンサCとダイオードDが積み重なる構造となっている。

まず，無負荷時の動作原理を説明する。A'点が正となる半周期においてD_1を通してC_1がV_{max}まで充電される。A点が正となる半周期において，C_1がV_{max}，A-A'点間にはV_{max}の電圧が生じるため，B点がV_{max}の電位となる。そのため，C_2は$2V_{max}$まで充電される。次のA'点が正となる半周期では，C_2に充電された$2V_{max}$とA'-A点間のV_{max}の電圧により，B'-A点間は$3V_{max}$となり，C_3が$2V_{max}$まで充電され，C-A点間は$3V_{max}$となる。このように，半周期毎に充電されるコンデンサの列が入れ替わることにより電圧が増加していき，D'点では，$6V_{max}$の最大電圧を得る。

C_1, C_3, C_5から成るキャパシタの列の各点の電位は，電源電圧を含むので振動波形となる。一方，C_2, C_4, C_6からなる列の電位は，振動する電圧を平滑化する役割を果たしており，その最大値は一定である。このときの出力電圧V_{out}

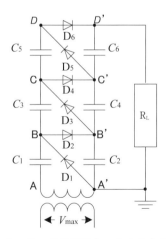

図7-6　コッククロフト-ウォルトン回路

は次の通りである。

$$V_{out} = n \cdot V_{max} \tag{7.3}$$

n はコンデンサの個数を表す。ただし，コンデンサの個数が奇数であれば，先に述べたようにその出力波形は振動し，$n \cdot V_{max}$ と $(n+1)V_{max}$ の最大値を持つ。負荷を接続した場合，充電されたコンデンサから負荷へ放電するため出力電圧は $n \cdot V_{max}$ に達することはなく，V_{max} の半周期毎に脈動することとなる。

7.1.4 ヴァンデグラフ起電機

静電発電機は，電荷を機械的に運ぶことによって高電圧を得る発電機であり，一般的な電磁誘導を原理とする発電機とは原理が異なる。ここではより高電圧を発生することができる**ヴァンデグラフ起電機**（Van de Graaff generator）について説明する。

図7-7に示すように装置の上下に滑車があり，その間を絶縁ベルトが回転している。ベルトは，下側の滑車軸に接続されたモータにより，毎秒15から30メートルの速度で移動しており，下部滑車近くのベルトは，数十キロボルト程度の部分放電によって帯電される。

生じた電荷は，ベルトによって上部に移動し金属球に溜まっていく。金属球に溜まる電荷量の増加によって高電圧となる仕組みである。大型化した実験装置も存在し，装置内での部分放電を防ぐために SF_6 等で装置内部が満たされている場合もある。

次に，ベルトで電荷を運ぶ際に必要な力の大きさを考える。いま，電界 E 中をベルトが速度 $v[m/s]$ で移動していると考える。このとき，ベルトの幅 b，電荷密度 σ とするとベルトの微少長さ dx における電荷は $dq = \sigma b dx$ となり，それによる力 dF は

$$dF = Edq = E\sigma b dx \tag{7.4}$$

となる。よって

$$F = \sigma b \int E dx \tag{7.5}$$

電界は一様であるから

7.2 交流高電圧を発生させよう

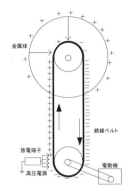

図7-7 ヴァンデグラフ起電機

$$F = \sigma b \mathrm{V} \tag{7.6}$$

ベルトの移動に要する電力 P は

$$P = Fv \tag{7.7}$$

また，電流は

$$I = \frac{dq}{dt} = \sigma b \frac{dx}{dt} = \sigma b v \tag{7.8}$$

よって

$$P = Fv = \sigma b \mathrm{V} v = VI \tag{7.9}$$

となり，その出力も VI となる。

7.2 交流高電圧を発生させよう

7.2.1 変圧器

　交流高電圧を発生させる機器のひとつとして挙げられるには**変圧器**（transformer）であろう。1885年の発明以来，変圧器は家電製品から車や工場に至るまでさまざまな所に利用される。そのサイズも1立方センチメートル未満のパルストランスから，数百トンを超える重量の大型の変圧器に及ぶ。変圧器は，電磁誘導を利用し2つ以上の独立した回路間に電気エネルギーを転送する電気機器であり，交流電圧を増加または減少させることが可能である。変圧器は磁

性体に巻いた一次側巻線と二次側巻線から構成される。一次側巻線に電流を流すと磁束が発生し，二次側へ鎖交する。このとき，磁性体中の磁束を$Φ$，一次側巻線の巻数をn_1，二次側巻線の巻数をn_2とすると，それぞれの巻線に誘導される起電力は，漏れ磁束および損失がない理想変圧器では

$$e_1 = n_1 \frac{dΦ}{dt}, \quad e_2 = n_2 \frac{dΦ}{dt} \tag{7.10}$$

となり，各巻数に応じた電圧が出力されることとなる。

7.2.2 直列共振法（series resonance）

前節で述べた変圧器を用いて，負荷が容量性の試料に交流を印加したとする。このときの等価回路は図7-8となる。回路のL_1およびR_1は変圧器の一次側巻線インピーダンス，L_2およびR_2は二次側巻線インピーダンスである。Lは変圧器の励磁回路であるが，通常L_1，L_2に比べてきわめて大きいため，回路は抵抗とインダクタンスとコンデンサの直列回路と見なすことができる。

このとき，電源周波数が$ω(L_1+L_2)=ωC$の条件を満たすならば，回路に共振が発生する。回路のインピーダンスは抵抗Rのみに減少するため，負荷に加わる電圧は電源電圧を超えることとなる。

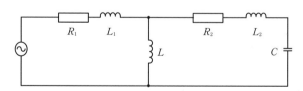

図7-8　変圧器と容量性負荷からなる試験装置の等価回路

7.3　インパルス高電圧を発生させよう

7.3.1　RLC直列回路（減衰振動，臨界制動，過制動）

インパルス高電圧を発生させるための基本回路としてRLC直列回路が挙げ

られる。その回路図を図7-9に示す。コンデンサの初期電圧をV_0として，$t=0$にてスイッチ投入した場合，回路方程式は

$$L\frac{d^2i}{dt^2} + R\frac{di}{dt} + \frac{1}{C}i = 0 \tag{7.11}$$

の2階微分方程式となる。解の候補を$i = Ae^{mt}$として，補助方程式は

$$Lm^2 + Rm + \frac{1}{C} = 0 \tag{7.12}$$

を得る。このときの微分方程式の固有値は

$$m = -\frac{R}{2L} \mp \sqrt{\left(\frac{R}{2L}\right)^2 - \frac{1}{LC}} = 0 \tag{7.13}$$

となる。これらの一般解は，以下の様に3つの場合に分けられ，回路に流れる電流$i(t)$は

(1) $R^2 > 4L/C$ の場合

$$i(t) = \frac{V_0}{\omega_0 L}\exp\left(-\frac{R}{2L}t\right)\sinh \omega_0 t \tag{7.14}$$

$$\omega_0 = \sqrt{\frac{R^2}{2L} - \frac{1}{LC}} \tag{7.15}$$

(2) $R^2 = 4L/C$ の場合

$$i(t) = \frac{tV_0}{L}\exp\left(-\frac{R}{2L}t\right) \tag{7.16}$$

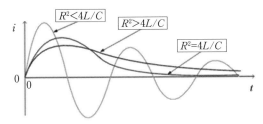

図7-9　RLC直列回路の電流波形

$$\omega_0 = \sqrt{\frac{R^2}{2L} - \frac{1}{LC}} \tag{7.17}$$

(3) $R^2 < 4L/C$ の場合

$$i(t) = \frac{V_0}{\omega_0 L} \exp\left(-\frac{R}{2L}t\right) \sin \omega_0 t \tag{7.18}$$

$$\omega_0 = \sqrt{\frac{1}{LC} - \frac{R^2}{2L}} \tag{7.19}$$

となる。このときのそれぞれの電流波形を図7-9に示す。それぞれ，**過制動**（overdamping），**臨界制動**（critical damping），**減衰振動**（damped oscillation）波形となっていることが確認できる。

7.3.2 雷インパルスと開閉インパルス

　回転機といった電気機器や電力系統などの絶縁を劣化させる要因として，回路に通常の波高値よりも高電圧が発生する異常電圧がある。異常電圧のうち，雷放電により発生する異常電圧を**雷サージ**（lightning surge），開閉器の開閉などによるサージを**開閉サージ**（switching surges）と呼ぶ。

　雷サージや開閉サージを模擬する電圧波形が，**雷インパルス電圧**（lightning impulse voltage），**開閉インパルス電圧**（switching impulse voltage）と呼ばれる（図7-10・11）。これらの模擬波形が**絶縁耐力試験**（dielectric strength test）の際に利用される場合がある。各電圧波形の最大点を波高点，その時の電圧瞬時値を波高値，波形における波高点より前半部分を**波頭**（wave front），後半部分を**波尾**（wave tail）と呼ぶ。雷インパルス電圧の各部の定義は図の通りとなっている。その表示において，波頭長 T_1（μs），波尾長 T_2（μs）を用いて，次のような記号で表す。

$$\pm T_1 / T_2 \; (\mu s) \tag{7.20}$$

正負の符合は電圧の極性を表す。特に±1.2／50（μs）の雷インパルスを**標準雷インパルス**（standard lightning impulse）と呼ぶ。

　開閉インパルスの場合，雷インパルス電圧と比べて立ち上がりおよび立ち下

7.3 インパルス高電圧を発生させよう

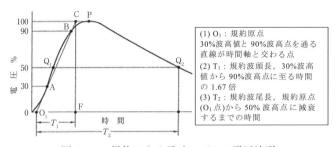

図7-10 規約による雷インパルス電圧波形

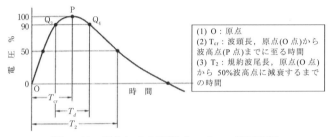

図7-11 規約による開閉インパルス電圧波形

がりの時間が長いのが特徴である。図7-11に示すように波頭長，規約波尾長が定義され，その表示は

$$\pm T_{cr} / T_2 \; (\mu s) \tag{7.21}$$

で表される。**標準開閉インパルス**（standard switching impulse）として $250/2500\mu s$ が用いられる。

演習問題

(1) 最大値100Vの正弦波状の電圧を入力としたときの半波整流回路と全波整流回路の出力電圧の平均値と実効値はいくらか。

(3) 図7-1(a)の回路において，$\delta V = \dfrac{1}{2fC}$ となることをいえ。fは入力電圧の周波数を示す。

(4) ヴァンデグラフ起電器において，出力電圧を大きくする方法は，入力電圧を大きくする以外にどのようなものがあるか。

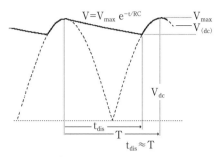

図　解図7-1　RC放電波形

(2) 図7-2の全波整流回路において，リップル電圧 $V_r = \dfrac{V_{max} \cdot T}{R_L}$ (T：周期) となることを証明せよ。ただし充電時間は，放電時間に比べて非常に短いとする。

（実習 ; Let's active learning!）

コッククロフト-ウォルトン回路をシミュレーションしてみよう。また，コンデンサ容量を各段で変えるとどのように出力波形が変わるか確認してみよう。

演習解答

(1) 半波整流回路：平均値 31.8V　実効値 50V

全波整流回路：平均値 63.7V　実効値 70.7V

解図7-1 において放電中の電圧 V は

$$V = V_{max} e^{-t/RC}$$

$$V \approx V_{max}\left[1 - \dfrac{t}{R_L}\right]$$

放電時間 $t_{dis} \fallingdotseq T$ とすると

$$V_{r(pp)} = \dfrac{V_{max} T}{R_L}$$

となる。

(3) 入力電源から負荷に流れる電流 $i_L(t)$ は非常に小さく，コンデンサへほぼ

流れると仮定すると，負荷へ放出される電荷 Q はコンデンサに蓄積された電荷と等しくなるので

$$Q=\int_T i_L(t)dt=\int_T \frac{V_{RL}(t)}{R_L}dt=IT=\frac{1}{f}$$

また，

$$dQ=CdV$$

であるから，図 7-1 (c) にあるようにコンデンサの電圧が V_{max} から V_{min} まで変化するとした場合

$$Q=\int dQ=\int_{V_{min}}^{V_{max}} CdV = C(V_{max}-V_{min})=2\delta VC$$

よって

$$2\delta VC=IT$$

$$\delta V=\frac{IT}{2C}=\frac{I}{2fC}$$

(4) 電荷をより早く貯められるよう，ベルトの材質を変える，ベルトの速度を速くする，金属球のサイズを大きくする等の方法がある。

引用・参考文献

1) 原雅則・秋山秀典：高電圧パルスパワー工学，森北出版，1991．
2) 日高邦彦：高電圧工学，数理工学社，2009．
3) 八坂保能：放電プラズマ工学，森北出版，2007．
4) 花岡良一：高電圧工学，森北出版，2007．
5) 電気学会：電気工学ハンドブック，オーム社，2001．

> **コラム　パルスパワーの初段はマルクス発生器**
>
> 　マルクス発生器（Marx generator）は 1924 年にアーウィン・オットー・マルクスによって発明された。簡易な回路構造で直流電圧を数倍から数十倍のインパルス高電圧にできる特徴から，10 章の積み重ね線路や誘導電圧重畳，容量移行型のパルスパワー発生システムの初段に利用されている。
>
> 　動作原理は以下の通りである。まず各並列に接続されたコンデンサを充電電圧 V_c [V]まで充電する。（図 7 -11 上段）このとき，各段の自爆型のスパークギャップスイッチ（9.5.1 で説明）には V_c の電圧がかかっている。マルクス発生器の 1 段目の 3 点トリガ型スパークギャップスイッチ（9.5.1 で説明）をターンオンさせると，2 段目のコンデンサの GND 側の電位が 0 [V] から V_c [V] へと変化する。これにより 2 段目のスパークギャップスイッチには，$2V_c$ の電圧が加わることとなり，短絡する。この繰り返しにより後段のスパークギャップスイッチが次々と短絡し，コンデンサが直列に接続されて，コンデンサの個数と充電電圧の積の波高値を持ったインパルス電圧が出力される（図 7 -11 下段）。動作時にはギャップスイッチを構成する電極の摩耗によるミスファイアや動作時間のずれが生じる場合があるため，ギャップスイッチを絶縁油に浸したり，レーザによる全段のギャップスイッチの同時点弧といった方法により安定動作を図っている。ギャップスイッチを半導体スイッチに置き換えた，出力 10kV 程度の小型のマルクス発生器も利用されている。
>
>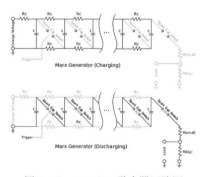
>
> 　図 7-12　マルクス発生器回路図　　図 7-13　200kV 級マルクス発生器

8章　高電圧現象を極めよう

8.1　固体の絶縁破壊

　絶縁物は，一般には電流を流さない物質の総称として知られているが，正確には，電気伝導性が非常に小さい，すなわち，抵抗率が非常に高い物質を示す。そのため，固体絶縁物に電圧を印加すると，わずかに電流が流れる。この電流は電圧とともに増加するが，電圧がある一定の値を超すと，電流が急激かつ不可逆的に増大し絶縁破壊に至り，最終的にその絶縁体は絶縁性を失う。誘電体は比誘電率が高い材料であり絶縁物として振る舞う。固体誘電体の絶縁破壊特性は，材料の分子構造による性質だけではなく，寸法や形状，温湿度などの周辺環境により変化する。本章では、電圧印加時の固体の振る舞いを学ぶ。

8.1.1　誘電分極
　固体誘電体に外部から電界を印加すると，誘電体中の無極性分子中の正・負の電荷は，分子中に拘束されながらも，わずかに移動し電気双極子が形成される。このように固体誘電体中の電荷分布が変化する現象を**誘電分極**（dielectric polarization）という[1]。たとえば，図8-1に示すように，固体誘電体を並行平板電極で挟み，電圧を印加すると，電極に接した誘電体表面には，電極と逆極性の電荷が現れる。ここで，電圧の印加によって導体表面に与えられた電荷密度を $\sigma[C/m^2]$，誘電分極によって誘電体表面に現れた電荷密度を σ_0 $[C/m^2]$ とすると，電極間の電界は，真空中の誘電率 ε_0（8.854×10^{-12} F/m）を用いて，ガウスの定理より，

$$E = \frac{\sigma - \sigma_0}{\varepsilon_0} = \frac{\sigma}{\varepsilon_0} - \frac{\sigma_0}{\varepsilon_0} \text{ [V/m]} \tag{8.1}$$

となる。よって，電極間の電界強度は，真空中の電界（σ/ε_0）より，誘電体の

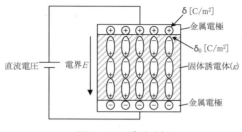

図8-1　誘電分極

挿入によって，σ_0/ε_0 の分だけ弱められることがわかる．また，誘電体の誘電率を ε とすると，電極間の電界強度は，

$$E = \frac{\sigma}{\varepsilon}[\text{V/m}] \tag{8.2}$$

として表すことができる．ここで，

$$\varepsilon = \frac{\sigma}{(\sigma - \sigma_0)} \times \varepsilon_0 = \varepsilon_r \varepsilon_0 \tag{8.3}$$

として示される ε_r を比誘電率という．これは，真空の誘電率を基準とした場合の誘電体の分極のしやすさを表すものである．表8-1に物質の比誘電率の例を示す[2),3)]．このうち，チタン酸バリウムなどは，比誘電率が高いことからコンデンサの材料としてよく用いられる[4)]．

8.1.2　固体誘電体中の電気伝導

　固体誘電体を電極で挟み，コンデンサを形成したところに，ステップ状の電圧を印加すると，誘電体に流れる電流は，図8-2に示すような時間変化を示す．この電流は，充電電流，吸収電流，漏れ電流の3つの成分からなる．
　充電電流は，電極の構成によって決まる静電容量を充電する電流であり，一般的に瞬時に減衰する．吸収電流は，誘電分極誘電分極（静電誘導）に伴う電流であり比較的ゆっくり減衰する．これらの電流は変位電流と呼ばれ，印加電圧を v，分極で現れた電荷を q とすると，電気回路では一般的に

表8-1 物質の比誘電率

物質	比誘電率
変圧器油	2.2
シリコン油	2.2
ポリプロピレン	2.2〜2.6
溶融石英	3.8
水晶	4.5
エポキシ	5.5
雲母	7
ソーダガラス	7.5
アルミナ	8.5
シリコンゴム	8.6〜8.5
マイカ	6〜9
リン酸二水素カリウム	42
ロシェル塩	4000
チタン酸バリウム	〜5000
水	80

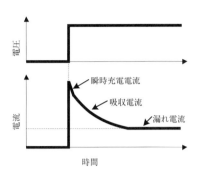

図8-2 誘電体に流れる電流

$$I = \frac{dq}{dt} = C\frac{dv}{dt} \tag{8.4}$$

として取り扱われる。

漏れ電流は，固体表面や固体内部を流れる伝導電流であり，体積抵抗率ならびに表面抵抗率によって支配される。固体誘電体中を流れる荷電粒子は，キャリアとよばれる。キャリアの種類には，電子，正孔，正イオン，負イオンがあり，誘電体中にわずかに存在する。電界によってイオンの移動に起因する伝導電流をイオン性伝導，電子と正孔の移動に起因する伝導電流を電子性伝導という。一般的に，比較的電圧が低い領域では，イオン性伝導と電子性伝導が支配的となる。この領域では，電圧-電流特性は，オームの法則にしたがう。

実際のコンデンサは，図8-3のように表され，電気回路の基礎として学ぶ理想コンデンサとは異なり，直流電圧を印加した場合でも微小な電流が流れることがわかる。また，実際のコンデンサでは，交流電圧を印加すると，図に示した寄生抵抗のため，エネルギーの損失が生じる。特に誘電体中の電荷の変位などによる摩擦などが要因となる。このような場合，理想的なコンデンサでは，図に示すように，印加電圧と位相が90度ずれた電流I_Cのみが流れるが，一般の誘電体では電圧と同相の電流成分I_Rが流れる。その結果，電流の位相はδだ

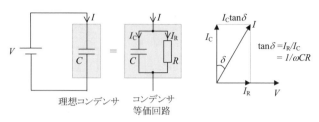

図 8-3　コンデンサの等価回路と損失

け遅れた I のようになる。そのため，電圧と電流に位相差が 90 度では無くなり，誘電体のなかで電力が消費される。これを**誘電体損**（dielectric loss）と呼ぶ。ここで，δ を**誘電損角**（loss angle），正接を**誘電正接**（dissipation factor）tanδ という。誘電損失 W は，$I_C = V/\omega C$，$I_R = I_C \tan\delta$ となるので，次式で求められる。

$$W = VI_R = VI_C \tan\delta = V^2 \omega C \tan(\delta) \qquad (8.5)$$

コンデンサに用いる誘電体材料の tanδ が大きく，誘電体損が大きい場合，温度上昇を招き，絶縁性能が低下する。また，tanδ の逆数を**品質係数**（quality factor）Q といい，コンデンサの性能として損失の少なさを示す重要な指標となる[1]。

8.1.3　固体の絶縁破壊理論

図 8-4 は固体誘電体に直流電圧を印加した場合の電圧電流特性である。電圧が比較的低い領域では，前節で述べたように電圧電流特性はオームの法則にしたがうが，電圧が増加すると，オームの法則からはずれ，指数関数的に増加する。さらに電圧を増加すると，電流が急増し電子なだれが生じ全路破壊に至る。固体の絶縁破壊の理論には，主に電子的破壊理論と熱的破壊理論の 2 つが提案されている[5]。

(a) 電子的破壊理論

電気的破壊理論では，固体内の電子が破壊の要因となる。固体誘電体内部に

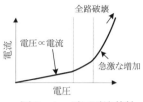

図 8-4 電圧電流特性

わずかに存在する伝導電子が，電界によって加速される。加速された伝導電子は，結晶格子と衝突しエネルギーを失う。単位時間当たりに，伝導電子が電界から得るエネルギーを A，結晶格子との衝突によって失うエネルギーを B とすると，これらは次のように表される。

$$A = \frac{\partial \varepsilon}{\partial t} = e\mu E^2 = \left(\frac{e}{m}\right)^2 \tau(\varepsilon) E^2 \tag{8.6}$$

$$B = \frac{\partial \varepsilon}{\partial t} = \frac{\Delta \varepsilon}{\tau_s(\varepsilon)} \tag{8.7}$$

$$A = B \tag{8.8}$$

ここで，ε は電子エネルギー，e は電子の電荷量，μ は電子の移動度，m は電子の質量，$\tau(\varepsilon)$ は伝導の緩和時間，E は電界，$\Delta\varepsilon$ は 1 回の衝突あたりに失うエネルギー $\tau_s(\varepsilon)$ は衝突間の平均時間である。両者は平衡状態では等しくなり，E もしくは ε が臨界値を超えると平衡が失われ，電子エネルギーが増大し絶縁破壊に至る。このときの E が絶縁破壊電界となり，これを真性破壊という。たとえば，電界が非常に高く，電子エネルギーが，格子との衝突によって失われるエネルギーより常に高くなる場合に絶縁破壊が発生する。この E は電極構造などには依らず，誘電体固有のものとなる。3 章で説明した気体の絶縁破壊のように，伝導電子が電界により加速され，格子原子を衝突電離させるエネルギーに達した場合，格子原子の電離によって生じた電子が衝突電離を繰り返し電子なだれが生じる。この電子なだれの大きさがある限界を超えると格子構造が壊れて絶縁破壊に至る。これを**電子なだれ破壊**（avalanche breakdown）という。

(b) 熱的破壊理論

熱的破壊理論では，固体誘電体に電界が印加されることによって発生する伝導電流によるジュール熱や，誘電損による発熱が破壊の起因となる。通常発生した熱は周囲への熱の移動によって失われる。印加電圧が低く，放熱量が上回る場合，温度はある温度で平衡を維持する。しかし，印加電圧が上昇し，発熱量が放熱量を常に上回ると熱が蓄積され，材料固有の熱的破壊温度（融点など）に達すると破壊する。導電率 σ の固体誘電体に電界 E が印加された場合，電流密度 σE の電流が流れ，単位体積当たり σE^2 のジュール熱が発生する。このとき，熱平衡の関係は，次式で表される。

$$\sigma E^2 = C v \frac{dT}{dt} - \mathrm{div}(K\,\mathrm{grad}\,T) \tag{8.9}$$

ここで，T は固体の温度，Cv は単位体積当たりの熱容量，K は固体の熱伝導率である。電界が徐々に増加し，熱の時間変化が十分に遅い（$dT/dt = 0$）の場合，**定常熱破壊**（steady state thermal breakdown）とよび，発熱量と放熱量が平衡する温度を求めることができる。また，インパルス電圧など電界が急激に増加し，$\mathrm{div}(K\,\mathrm{grad}\,T)$ を 0 と近似できる場合，**インパルス熱破壊**（impulse thermal breakdown）と呼び，固体固有の熱的破壊温度に至るまでの時間を計算することができる[7]。

8.1.4 放電による絶縁破壊現象

固体誘電体に長時間電界を印加すると，ボイド放電，トリーイング，トラッキングなどの放電現象により，絶縁耐性が劣化していく。これらの放電による絶縁破壊は，徐々に進行していき，最終的には，電極間に火花放電が発生し，固体誘電体を破壊する。

(a) ボイド放電

図 8-5 に示すように，固体誘電体中には，製造時において材料内部に残留する微小気泡や，異物の混入，クラックなどによって空隙（ボイド）が存在す

る場合がある。また，固体誘電体もしくは接触電極に凹凸があると，電極と誘電体間にもボイドが生じる。これらのボイドには，固体より高い電界が加わる。さらに，気体の絶縁破壊電圧は固体と比べて低いことから，固体の絶縁破壊が生じずとも，空隙での絶縁破壊が生じる。これをボイド放電という。放電が発生すると，固体誘電体は化学的に侵食され，絶縁耐性が劣化していく。

ボイド内の電界を考えるために，図8-6のような均一の二層複合誘電体を考える。印加電圧をVとすると，比誘電率がε_1である部分のd_1の電界E_1，比誘電率がε_2である部分d_2の電界E_2はそれぞれ，次のようになる。

$$E_1 = \frac{\varepsilon_2}{d_2\varepsilon_1 + d_1\varepsilon_2} V \tag{8.10}$$

$$E_2 = \frac{\varepsilon_1}{d_2\varepsilon_1 + d_1\varepsilon_2} V \tag{8.11}$$

ε_2がε_1より大きい場合，E_1はE_2より大きくなる。図8-5に示したボイドは，典型的なボイド形状の薄層ボイド，球状ボイドである。薄層ボイドの場合，上式で，$d_2 \gg d_1$となり，$E = V/d_2$とすると，ボイド中の電界E_1は次のようになる。

$$E_1 = \frac{\varepsilon_2}{\varepsilon_1} \times E \tag{8.12}$$

また，球状ボイドの場合は，

$$E_1 = \frac{3\varepsilon_2}{\varepsilon_1 + 2\varepsilon_2} \times E \tag{8.13}$$

となる。ボイドは，絶縁体の製造時などにおいて発生する空隙（気体）などである。そのため，固体誘電体の比誘電率ε_2は，ボイドの比誘電率ε_1（= 1）よ

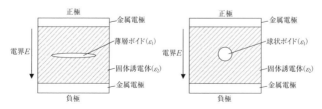

図8-5　誘電体中のボイド

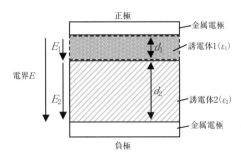

図8-6　二層複合誘電体モデル

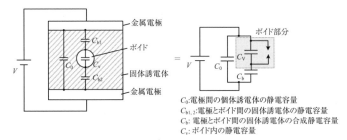

C_0:電極間の個体誘電体の静電容量
$C_{b1,2}$:電極とボイド間の固体誘電体の静電容量
C_b:電極とボイド間の固体誘電体の合成静電容量
C_v:ボイド内の静電容量

図8-7　誘電体中のボイドの等価回路

りも大きくなる．そのため，ボイドにかかる電界は，薄層ボイドでは，固体誘電体にかかる電界 E の ε_2 倍，球状ボイドでは 3/2 倍となり，固体誘電体にかかる電界よりも局所的に高くなる[3]．さらに，気体の絶縁破壊電圧は固体よりも低いことから，ボイド内での部分放電は容易に発生する．ボイド放電の等価回路は図8-7のようになり，交流電圧が印加されるとバリア放電のように部分放電が繰り返し発生する．継続的に発生すると，材料中に**トリー**（tree，樹枝）状の破壊路が生じる．

(b) トリーイング

高電界を長時間印加した誘電体には，トリー状の痕跡が見られることがある．このトリーは，長い時間をかけて成長していく．このトリーが進展する現象を，**トリーイング**（treeing）という（図8-8）．トリーの発端としては，高電界

8.1 固体の絶縁破壊

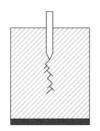

図 8-8　トリーイング

により電極表面から注入された電荷が電界により加速され，誘電体分子と衝突しラジカルを形成することや，針状電極先端やボイド放電などの部分放電による化学的侵食があげられる。

固体誘電体に水が侵入すると，電界が印加された場合，そこが発端となりトリーが発生する。これを水トリーという。水を取り除くと，前述したようなトリー状の痕跡がみられる。水が関与しないトリーを電気トリーと呼ぶことがある。水トリーが進展していくと，絶縁性能の低下や先端部の電界集中により，電気トリーに移行し，さらに発展することにより全路破壊が生じる[3]。水トリーの形態としては，外導体トリー，内導水トリー，ボウタイ状水トリーなどがみられる。

電力ケーブルに用いられる高分子材料である架橋ポリエチレンは，ボイド放電や局部的高電界によるトリーイングが発生しやすい。特に，水分が含まれると，低い電圧でもトリーが発生し，絶縁性能を著しく低下させる。そのため，製造時における含水率や不純物の低減，防水対策，経年劣化の診断などが重要となる。

(c) 沿面放電

図 8-9 に示すように，金属電極と 2 つの誘電体が一点で集まる点 P のような点を**三重点**（**トリプルジャンクション**；triple junction）という[3]。ε_2 が ε_1 より大きいとき点 P の電界は，角度 q が 90 度より小さい場合は式（8.12）で説明したように，ε_1 に加わる電界は ε_2 よりも大きくなり角度の減少とともにその

差は大きくなる．そのため，トリプルジャンクションでは，電界が高まり，絶縁破壊が容易に生じる．

　図8-10のように，一方の誘電体が気体で，一方が固体誘電体などの場合，トリプルジャンクションより，誘電体表面を進展する放電が発生する．これを**沿面放電**（surface discharge）と呼ぶ．たとえば，図8-11のように，金属電極が針状電極で電界が集中しやすい場合に，インパルス電圧などを印加すると容易に発生する．発生した放電は，誘電体表面に電荷を運ぶ．電気回路として等価的に考えると，誘電体は，コンデンサとして考えることができるので，放電路の進展に伴い局所的にコンデンサを充電しつつ進展する．沿面放電が誘電体表面を進展していき，高い導電性の放電路で電極間が橋絡された状態を**沿面フラッシオーバ**（flashover）という．沿面フラッシオーバが発生する電圧は，空気中の火花放電と比べ40~50%程度の電圧である．特に固体誘電体のεが大きいと，空気にかかる電界が大きくなるので，沿面放電が発生しやすく，同時に沿面フラッシオーバへの進展が容易となる．

　このように，電極を誘電体に密着させても，縁端部では電界集中が生じ，誘電体固有の絶縁破壊電圧よりも低い電圧で火花放電が生じる．このような現象を**端効果**（**エッジ効果**；edge effect）という．これを防止するには，電極端部に丸みをつける，球ギャップを用いて電界集中を避ける，絶縁油や絶縁耐性が高いガスなどで周辺を満たすこと，などが必要となる．

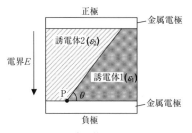
図8-9　誘電体の界面の電界

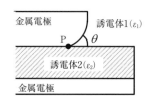
図8-10　トリプルジャンクションの形成

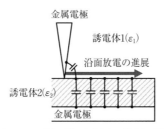

図 8-11　沿面放電進展の等価回路

(d) トラッキング現象

固体誘電体表面が，水分，塩分，塵埃などで汚染され，表面の絶縁抵抗が低下しているところに電圧が印加されると，漏れ電流によってジュール熱が発生する。湿気などにより表面に水分がある場合，ジュール熱により水分が蒸発し局所的に乾燥する部分が生じる。乾燥部は抵抗が高いため，電界集中が生じ微小放電が生じる。放電による電流によりさらに乾燥は促進される。このような微小放電や，沿面放電が発生すると，特に炭素系の固体誘電体の場合，表面が熱分解され炭素を遊離・析出し，炭化された導電路を形成する。これを**トラッキング**（tracking）といい，絶縁性能を低下させる。このトラッキングが電極間を伸びると沿面フラッシオーバが容易に発生する。そのため，絶縁物表面は常に洗浄し，表面抵抗を高い状態に保つことが重要となる[1]。

8.2　液体誘電体の絶縁破壊

絶縁油などの液体誘電体は，絶縁破壊電圧が高く，絶縁破壊後の自己回復力にも優れ，流動性に富み高い冷却効果を持っていることなどの特性をもつことから，多くの高電圧電力機器の絶縁材料として利用されてきた。液体誘電体の電気伝導や絶縁破壊の特性は，前節で述べた。誘電体の電気伝導性やボイド，トリプルジャンクション，沿面放電などと同様の比誘電率が異なる物質が複合的に存在する場合の現象も，固体誘電体と同様である。また，一方で，固体誘

電体とは異なり，液体誘電体は流動性があることや，気化が比較的容易で状態が変化すること，容易に気体や水分，塵埃などの不純物を取り込むことなどにより，絶縁破壊耐性が変化する．

8.2.1 液体誘電体中の電気伝導

図8-12は液体誘電体に直流電圧を印加した場合の電圧電流特性である．液体誘電体も固体誘電体（8.1.3, 図8-4）と同様に，オームの法則にしたがう低電圧領域と，電圧の増加に伴い電流が急激に増加する領域をもつ．オームの法則にしたがう領域では，宇宙線などによって引き起こされる自然電離で生じたイオンや，微量不純物の解離などで生じるイオンによるもので，一定の抵抗率をもつ絶縁物として見なせる．抵抗率は市販の絶縁油で $10^{10} \sim 10^{12} \Omega \cdot cm$ 程度である．この領域から電圧を増加させると，電流が一定となる領域になる．一般に，温度上昇とともにイオンの解離が増加することや，粘度の減少により，抵抗率は温度上昇とともに低下する．

さらに電圧を上昇すると，電流が急激に増加する．この要因としては主に次の3つが考えられている．(1)気体放電のα作用と同様に液体中においても，電子の衝突電離が生じることが考えられる．しかしこれは，電界強度が10MV/cm以上でない限り可能性が低いと考えられている．(2)陰極表面からの熱電子が電界によって増加するショットキー効果により，液体誘電体内に電子を放出する．電子は一般的に，液体分子や，不純物分子に付着し，負イオンを形成する．(3)高電界の印加によって，液体中の液体分子の水素結合や，不純物が解離しイオンが生成され，抵抗率を低下させる．さらに印加電圧の増加に伴

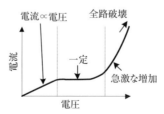

図8-12　液体誘電体の電圧電流特性

い電流は増加するが，最終的には火花放電に至る。

8.2.2 液体の絶縁破壊現象

液体誘電体の絶縁破壊現象としては，電子的破壊や，気泡的破壊，不純物による破壊などにその要因が分けられる。実際にどの破壊現象が主な要因になるかは，液体の性質や不純物，印加電圧などによって大きく異なる。

(a) 電子的破壊

液中においても，3章で学んだタウンゼント放電と同様に，電子が電界によって加速されて，電子衝突が起こり，電子なだれが発生し，絶縁破壊が生じることが考えられている。液体中では，電子のエネルギー損失は主に液体分子内振動に与えられる。一回の衝突エネルギー損失は分子の固有振動数を ν とすると，$h\nu$ となる。ただし，h はプランク定数を示す。電子が平均自由行程 (λ) 中に電界 E から得られるエネルギーが，液体分子の電離エネルギーとなるときに電子なだれは生じる。電子なだれが開始した場合に，絶縁破壊が生じるとすると，絶縁破壊電界は次式となる。

$$E = \frac{ch\nu}{e\lambda} \tag{8.13}$$

となる。e は電子の電荷量，c は定数 (≤ 1) である。上記の考え方を真性破壊という。

一般的には固体の電子なだれ破壊と同様に，電子なだれがある大きさに成長したときに電子なだれがある大きさに成長したときに，破壊が起こる考え方がある。ここでは，絶縁破壊電界は次のようになる[6]。

$$E = \frac{\varepsilon_c}{e\lambda \ln\dfrac{d}{h_c\lambda}} \tag{8.15}$$

λc は電子が電界から得るエネルギーの臨界値である。式より，$1/E$ は $\ln(d)$ は直線関係となる。図 8-13 に示すように，絶縁破壊電界はギャップ長に

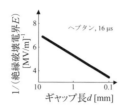

図 8-13 液体の絶縁破壊電圧

依存することからも，この説が有力な過程とされている[5]。

また，8.2.1 で述べたように，高電界によって陰極から液体に放出された電子は液中で衝突電離を引き起こす。ここで生じた，電子と正イオンは，移動度の差によって，正イオンが陰極前面に空間電荷として存在し，陰極上の電界が強められ，陰極からの電子放出が増加する。このため，ある値以上の電界強度になると，陰極上の電界上昇と電子放出の増加が互いに強めあって増大し，絶縁破壊が生じる，空間電荷による破壊説がある。このとき，絶縁破壊電界は次のように与えられる。

$$E = \frac{bc(2\sqrt{c}+1)}{4c-1} \tag{8.16}$$

ここで，c は $2a\exp(\alpha d)/\mu^+$ であり，a は定数，b は陰極材料の仕事関数から決まる定数，μ^+ は正イオンの移動度である。

(b) 気泡破壊

電圧の印加によって誘電体液体中に気泡が発生し，それが発端となって絶縁破壊が生じる考え方である。8.1.4 で述べた固体中のボイドと同様に，液体中の気泡では，比誘電率の違いから高い電界が加わること，気泡中の気体は液体よりも放電が生じやすいことから，気体放電が積極的に発生する。放電のエネルギーにより気泡が大きくなり，最終的には全路破壊に至る。気泡の発生機構には以下のようなことが考えられている。

① 電極表面の微小突起において，電界または伝導電流が局所的に集中し液体を加熱し，液体中に溶解している気体分子や，電極表面に吸着した気体分子が気泡に成長する
② 空間電荷の静電反発力が液体の表面張力を超す
③ 高エネルギー電子による液体分子の解離
④ 陰極上の微小突起などで生じたコロナ放電による液体の蒸発

液体を蒸発させ気泡の発生するのに必要なエネルギー ΔH は，陰極から液体に与えられるエネルギー ΔW に等しいとして，絶縁破壊強度 E を導くと，次のようになる。

$$\Delta H = m\{C_P(T_b - T_a) + L_b\} \tag{8.17}$$

$$\Delta W = AE^n\tau \tag{8.18}$$

$$E = [\frac{m}{\tau A}\{C_P(T_b - T_a) + L_b\}]^{1/n} \tag{8.19}$$

ここで，m は気化した液体質量，C_P は液体の定圧比熱，T_b は液体の沸点，T_a は気泡周囲の液体温度，L_b は液体の気化熱，A，n は定数，τ は流動する液体滞留時間である。図8-14に一例として，n-ヘキサンの圧力による絶縁破壊強度を示す[6]。絶縁破壊電界 E は図に示すように外圧とともに増加するが，これは外圧の増加による沸点 T_b の増加によって説明される。

電極の面積が大きくなると，その分電極表面上の，電界集中を引き起こす微小突起物や，気泡の発生源となる吸着ガスが増加する。これらにより絶縁破壊の確率が上昇し，絶縁破壊電圧が低下する。このことを面積効果という。また，絶縁破壊電圧は温度によっても変化する。これは，液体中への気体の溶解度などが影響するためである。

(c) 不純物による破壊

液体誘電体中に水分や，吸湿しやすい繊維質などが混入すると絶縁破壊電圧は著しく低下する。水の比誘電率は80と，液体誘電体の比誘電率（たとえば絶縁油は2程度）と比べ大きい。このような比誘電率が液体誘電体より高い物

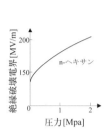
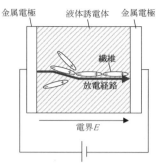

図8-14　n-ヘキサンの破壊強度　　図8-15　不純物混入による絶縁破壊

質は，電界によって分極し，電界に沿って移動する．特に，水分が含まれた繊維は，このような作用によって，電界に沿って整列する．図8-15のように，これらの繊維が連なり，電極間が橋絡されることによって，絶縁破壊が生じる[1]．印加電圧がインパルス電圧など短時間で印加される場合は，繊維が整列し電極間を橋絡する前に電圧が遮断されるため，絶縁破壊電圧は不純物にあまり影響を受けない．また，電界が加わる体積が増加すると，その分だけ電界に曝される不純物も多くなり，絶縁破壊電圧が減少する．これを体積効果という．

演習問題

(1) 同軸ケーブル（長さ = 20 m，単位長の静電容量が 100 nF/km）の内部導体と外部導体間に，矩形波（波高値 = ± 10 kV，周波数 = 100 kHz，デューティ比 = 50%，スルーレート = 5 kV/μs）を印加した．このとき流れる電流の最大値を求めよ．

(2) 図8-6の二層複合誘電体（面積無限大）において，誘電体1が空気，誘電体2がソーダガラスである．d_1が1.0 mm，d_2が4.0 mmのとき，電極間に印加可能な絶縁破壊が生じない最大の電圧を導け．ただし，空気とガラスの絶縁破壊強度はそれぞれ，3.0 kV/mm，20 kV/mmとし，有効桁数を考慮すること．

(3) 高電界を長時間印加することによって，固体絶縁体が劣化し，最終的に絶

8.2 液体誘電体の絶縁破壊

縁破壊に至る過程を説明せよ．

(4) 固体の絶縁破壊特性を測定する目的で，空気中に置かれた，固体誘電体（面積 100 mm², 厚さ 1 mm）を，2 枚の金属板（面積 10 mm², 厚さ 1 mm）で挟み，並行平板電極を構築する．そして電極間に電圧を印加し，その電圧をゆっくりと昇圧する．ここで，固体誘電体の電圧電流特性ならびに絶縁破壊電圧は既知である．しかし，電流は既知の電圧電流特性よりも大きな値となり，絶縁破壊電圧に至る前に，電流が急激に増加した．考え得る要因と，その対策方法について提案せよ．

〔**実習**；*Let's active learning!*〕

(1) 市販されているコンデンサにはさまざまな材質の誘電体が用いられています．これらの材質の物性と，絶縁抵抗，絶縁破壊電圧，静電容量，等価直列抵抗，周波数特性といった，素子としての特性ならびに応用例との関連性を調べてみましょう．さらに，ファンクションジェネレータを用いてその特性を測定してみましょう．

演習解答

(1) 20m の同軸ケーブルの静電容量は 2nF となる．電流は矩形波立ち上がり・立ち下がり時に流れる瞬時充電電流が占め，これが最大値となる．電圧変化（dv/dt）は，5 kV/μs なので，式（8.4）より，$2 \times 10^{-9} \times 5 \times 10^{3} / 10^{-6} = 10$ A となる．

(2) 絶縁破壊強度より，空気はソーダガラスと比較し低電圧で絶縁破壊が生じる．ソーダガラスの比誘電率は表 8.1 より，7.5 である．式（8.10）より，空気中の電界は，$\{7.5 / (4.0 \times 1.0 + 2.0 \times 7.5)\} \times$ 印加電圧となる．これが，3.0 kV/mm を超えた場合に空気で絶縁破壊が生じるので，絶縁破壊が生じる最小の電圧は $3/(39 \times 10^{-2}) \fallingdotseq 7.7$ kV となる．有効桁数を考慮すると，絶縁破壊が生じず印加可能な最大の電圧は 7.6 kV となる．

(3) 電圧を長時間印加すると，固体内のボイド放電などを発端とし，水の浸入

などに伴い，トリーが進展していく．これがさらに発展することにより電極間の全路破壊が生じ，絶縁破壊に至る．また，固体表面が汚れなどによって絶縁抵抗が減少すると，放電の発生に伴う炭化された導電路を形成するトラッキングが生じる．トラッキングが電極間で生じると沿面フラッシオーバーが容易に発生し，絶縁破壊に至る．

(4) 1) 電極と誘電体の表面が荒くの密着面が不十分で空気層が形成され放電が生じている，2) 電極と誘電体の接触点でのトリプルジャンクション形成や，電極端部において電界集中が生じ放電が生じている，3) 誘電体表面の汚れなどにより漏れ電流が流れている，4) 誘電体温度や湿度が極端に高い，5) 誘電体自体が劣化している，などが考えられる．対策としては，電極・誘電体表面を鏡面上にする，端効果防止のため電極端部を丸める，絶縁油中で試験を行う，温湿度を厳密に管理する，誘電体の汚染除去を行う，誘電体を新品かつバージンのものを使う，などが挙げられる．

引用・参考文献

1) 花岡良一：高電圧工学，森北出版，2007.
2) 国立天文台：理科年表2006，丸善，2006.
3) 日高邦彦：高電圧工学，数理工学社，2009.
4) 電気学会：電気工学ハンドブック，オーム社，2001.
5) 静電気学会：新版静電気ハンドブック，オーム社，1998.
6) 原雅則・秋山秀典：高電圧パルスパワー工学，森北出版，1991.
7) 秋山秀典：高電圧パルスパワー工学，オーム社，2003.

9章　パルスパワー発生の基礎

電池，キャパシタ，インダクタ，および充電システム－これらは，パルスパワーを発生させるための重要な要素である。これらの構成要素の目覚ましい進歩により，商業および産業や環境に至るまでパルスパワー技術が応用されているが，多くは直接目にする機会が少なく，パルスパワーの利点を知ることが難しい。本章では，パルスパワーの発生およびその回路について深く学び，その発生と原理について理解する。

9.1　パルスパワーを発生する流れ

パルスパワー発生システム（pulsed power system）におけるエネルギーの流れについて以下に示す（図9-1）。

図9-1　パルスパワー発生システムのエネルギーの流れ

一般的にパルスパワー発生システムでは，外部から商用電源によってエネルギーの供給が行われ，エネルギーの貯蔵を行う。エネルギーは静電的または磁気的に保存されているため，エネルギー貯蔵の方式は，容量性または誘導性のいずれかとなる。貯蔵されたエネルギーは，スイッチがオンすることにより，パルス形成装置へ向かう。任意の負荷へパルス波形を形成し，エネルギーが供給される流れとなっている。

これまで，パルスパワー発生技術は，主にエネルギー貯蔵とスイッチによって制限されていたが，各要素の開発やスイッチの低コスト・大容量化により，高エネルギーかつ高繰り返し可能なパルスパワー発生システムを実現している。より特性の良いキャパシタ，インダクタ，スイッチによってパルスパワーを利用した技術の新しい応用を可能としている。

9.2 エネルギーを貯める方法

9.2.1 さまざまなエネルギー貯蔵システム

貯蔵が可能な主要なエネルギーには，**電気エネルギー**（electrical energy），**化学エネルギー**（chemical energy）および**運動エネルギー**（kinetic energy）が挙げられる。**電気エネルギー**のうち，**容量性エネルギー**（capacitive energy），**誘導性エネルギー**（inductive energy）は，磁界または電界の形でコンデンサやインダクタに保存される。フライホイールを回転運動させ，運動エネルギーとして保存する方法や，電池および爆発物によって化学エネルギーを保存する方法もある。表9-1は，これらのエネルギー貯蔵システムの比較である。コンデンサは，エネルギー密度が非常に低いものの，パルス形成およびスイッチによるエネルギー圧縮を行い，非常に短い間隔で蓄積したエネルギーを放出することで，エネルギーの高密度化が実現できる。

爆薬は，高いエネルギー密度と非常に短いエネルギー放出時間を有するが，単発動作であり，爆薬の持つ化学エネルギーを電気エネルギーに変換する補助装置を必要とする。

電池は，高いエネルギー密度を有しているものの，充放電時に要する時間が長い。

その性能は，電極および電解質によって大きく異なり，材料や構造による高性能化が期待されている。

表9-1　各種エネルギー貯蔵システムの比較（エネルギー密度の低い方から）

貯蔵方式	エネルギー密度 $[MJ/m^3]$	単位質量あたりのエネルギー $[J/Kg]$	エネルギー放出時間　[秒]
コンデンサ	0.01〜1	300〜500	マイクロ秒
爆薬	5,000	10^7	マイクロ秒
インダクタ	1〜50	$10〜10^3$	マイクロ秒〜ミリ秒
フライホイール	500	$10^4〜10^5$	数秒
電池	4,000	10^6	数百秒

9.2.2 容量性エネルギー貯蔵方式

電気エネルギーを蓄積・重畳しパルスパワーを発生させるシステムとして,キャパシタまたはコイルを利用する方法がある。そのひとつとして,キャパシタを利用するエネルギー蓄積方式が,**容量性エネルギー蓄積**(capacitive energy storage)方式である。キャパシタは2つの電極板とその間の誘電体により構成される。今,誘電体の誘電率を ε [F/m],その空間に E [V/m]の電界が加わったと仮定すると単位体積あたりの貯蔵エネルギー U_E [J]は次式で表される。

$$U_E = \frac{1}{2}\varepsilon E^2 \tag{9.1}$$

さらに電極板に接触する誘電体の断面積 S [m²],電極間の距離 d [m]として,電極間に加わる電圧を $V = E \cdot d$,誘電体の体積で貯蔵エネルギー U_E を積分すると

$$U_E = \int U_E dv = \frac{1}{2}\varepsilon S \frac{V^2}{d} \tag{9.2}$$

となる。キャパシタの容量は $C = \varepsilon S/d$ であるので上式は以下の通りとなる。

$$U_E = \frac{1}{2}CV^2 \tag{9.3}$$

コンデンサ容量を増加させるために電極間隔 d を小さくすると,コンデンサの耐電圧を低下させてしまう。そのため,コンデンサの媒質には誘電率 ε と絶縁耐性が高い材料を用いることが必要となる。図9-2に示すように近年の

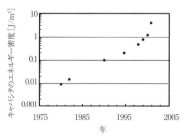

図9-2 キャパシタのエネルギー密度の変化

ハイブリッドカーやスマートフォンなどに代表される家電製品に搭載されるキャパシタの技術革新によって，キャパシタを構成する誘電体材料の誘電率特性が向上しているため，キャパシタのエネルギー密度は大きく増加している。

9.2.3 誘導性エネルギー蓄積方式

磁界のエネルギーを貯蔵するためにコイルを使用する方式が**誘導性エネルギー貯蔵**（inductive energy storage）方式である。ある物質の透磁率 μ の物質に加わる磁界が $H[\mathrm{A/m}]$，磁束密度を $B[\mathrm{Wb/m^2}]$ とした場合，その単位体積あたりのエネルギー密度は

$$U_\mathrm{H} = \frac{1}{2}HB = \frac{B^2}{2\mu} \tag{9.4}$$

となる。さらに自己インダクタンス $L[\mathrm{H}]$ に電流 $i[\mathrm{A}]$ が流れているとき，この電流が変化したときのインダクタンスに誘導される起電力 e は

$$e = L\frac{di}{dt} \tag{9.5}$$

となる。この起電力に対しての電荷 $dq[\mathrm{C}]$ を運ぶに要する仕事 dW は，次式となる。

$$dW = edq = L\frac{di}{dt}dq = L\frac{dq}{dt}di \tag{9.6}$$

上式より

$$\frac{dq}{dt} = i \tag{9.7}$$

であるから

$$dW = Lidi \tag{9.8}$$

となる。上式から電流を 0 から i まで増加させるために必要とする仕事 W は次の式の通りとなる。

$$W = \int dW = \int_0^i Li\,di = \frac{1}{2}Li^2 \qquad (9.9)$$

このなされた仕事が電磁エネルギーとして自己インダクタンスの周辺の磁界中に蓄えられる。すなわち，自己インダクタンス L [H] に電流 i [A] が流れているとき，その自己インダクタンスは，式 (9.9) のエネルギーを蓄えていることとなる。この式は式 (9.3) と類似している。しかし，コンデンサの場合には加わる電圧 V がなくなってもエネルギーがコンデンサに保存されているのに対し，式 (9.9) の場合は，電流 i が生じなくなるとエネルギーが0となる点に違いがある。

9.2.4 運動エネルギーおよび化学エネルギー

貯蔵された運動エネルギーをパルスパワーに変換する発電機として，**単極発電機** (homopolar generator) が挙げられる。単極発電機は整流子を用いない直流発電機である。図9-3に示すように，磁束密度 B [Wb] となる磁界中に角速度 ω [rad/s] で回転子を回転させると，半径方向に起電力が生じる。これは，回転子中の電子がローレンツ力を受けることによるものであり，このときの電界 E は，

$$E = (\omega \times r) \times B \qquad (9.10)$$

となる。この電界により電子が移動し，起電力 V が回転子の半径方向生じることとなるため，

$$V = \int_0^R E\,dr \qquad (9.11)$$

であるから

$$V = \frac{1}{2}B\omega r^2 \qquad (9.12)$$

となる。ω について表すと

$$\omega = \frac{2V}{Br^2} \qquad (9.13)$$

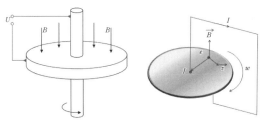

図9-3　単極発電機の原理

であり，これを回転体のもつ運動エネルギーの式に代入すると

$$W_m = \frac{1}{2}I\omega^2 = \frac{1}{2}\frac{GD^2}{4g}\omega^2 = \frac{1}{2}\frac{4I}{r^4 B^2}\omega^2 \tag{9.14}$$

となる。これは，コンデンサの貯蔵エネルギーの式（9.3）と同様の形となる。一般的に，単極発電機はその構造から内部抵抗が数$\mu\Omega$と非常に小さいため，大電流パルスパワー用途に利用できる。

　化学エネルギーはニトロセルロース，ニトログリセリン，およびトリニトロトルエン*といった化学物質の爆発によって生成され，電気エネルギーや運動エネルギーに変換される。爆発による気体の熱膨張速度が音速を超えると爆轟，そうでない場合を爆燃と呼び，一般的にパルスパワーの分野では高性能爆薬による爆轟波が利用される。たとえば，トリニトロトルエン*では，そのエネルギー密度は 14.5×10^6 J/kg であり，単位体積あたりに直すと，8.79×10^3 MJ/m^3 となりコンデンサやインダクタによるエネルギー密度と比較すると非常に大きい値となる。

　次に爆発によって発生した電力について計算する。TNTの体積を 10^{-3} m^3 の体積を有する立方体と仮定する。固体状態での比重は 1.65 g/cm^3 であるから，その爆発熱は 6.9×10^6 J となる。その反応時間は，爆速を 6.9×10^3 m/s，0.1m の TNT の長さから約 1.45×10^{-5} 秒となる。求める電力は，その反応時間で割ると 4.76×10^2 GW ときわめて大きな値となる。

*　通称，TNT．TNT換算と呼ばれる，爆薬の爆発などで放出されるエネルギー（燃焼熱）をエネルギー量のTNTの質量に換算する方法がある

9.3 パルスパワー発生回路の基本を知ろう

9.3.1 容量性エネルギー蓄積方式によるパルスパワー発生

容量性エネルギー蓄積方式によるパルスパワー発生回路を図9-4に示す。コンデンサに蓄積されたエネルギーが負荷へと移動するRLC回路となっている。コンデンサがV_cまで充電された後，スイッチS_1がオンする。このとき，エネルギーは線路のインダクタンスLを経て負荷へ移動する。負荷の抵抗R_Lに対して，回路の状態が$R_L^2 < 4L/C$を満たしているならば，図9-5の破線に示すようにその電圧電流波形は減衰振動となる。

コンデンサの電圧が，$t = T_0$においてゼロになった瞬間にスイッチS_2が閉じられ，インダクタンスL_2に蓄積されたエネルギーは負荷とのスイッチS_2で構成される閉回路で消費される。このときの負荷電流i_Lは，$t = T_0$において最大となった後，緩やかに減少していき，

$$i_L = V_C\sqrt{\frac{C}{L}} \exp\left\{-\frac{R}{L}(t - \frac{\pi\sqrt{LC}}{2})\right\} \tag{9.15}$$

となる。すなわち，負荷電流は時定数L/Rで減衰していくことを示している。

9.3.2 誘導性エネルギー蓄積方式によるパルスパワー発生

誘導性エネルギー蓄積方式によるパルスパワー発生の原理を説明する。図9-6に回路を示す。

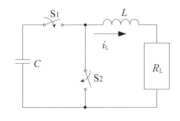

図9-4 容量性エネルギー蓄積方式によるパルスパワー発生回路

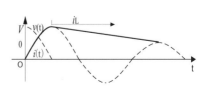

図9-5 出力波形

回路は開路スイッチ S_1 と閉路スイッチ S_2,インダクタンスから構成される。S_1 を閉じインダクタンスにエネルギーを蓄えたのち,S_2 をオンにすると蓄積されたエネルギーが負荷に転送される。負荷が抵抗成分であるならば,その電流 i_L,負荷へのエネルギー E は,

$$i_L = i_0 \exp\left(-\frac{R_L}{L}t\right) \tag{9.16}$$

$$E = \int_0^\infty Ri^2\, dt = \frac{1}{2} L i_0^2 \tag{9.17}$$

となる。ここで i_0 は,S_1 に流れる電流,すなわち,インダクタンスへの充電電流である。本回路においては,開放スイッチの開放速度が負荷にエネルギー転送を行うために重要となる。

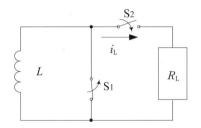

図9-6　誘導性エネルギー蓄積方式によるパルスパワー発生回路

9.4 さまざまなパルスパワー発生回路

9.4.1 容量移行回路

図9-7に示すように**容量移行回路**は,2つのコンデンサ導線で接続した構造となっている。

いま,コンデンサ C_1 を V_0 まで充電したあと,スイッチ S_1 を閉じる。C_1 に蓄えられたエネルギーは,インダクタンス L を通過し C_2 へ転送される。このとき,閉路方程式は

9.4 さまざまなパルスパワー発生回路

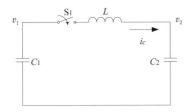

図 9-7　容量移行回路

$$V_0 = \frac{1}{C_1}\int_0^t i_c dt + L\frac{di}{dt} + \frac{1}{C_2}\int_0^t i_c\, dt \tag{9.18}$$

となる。これを解くと

$$i_c = V_0 \sqrt{\frac{C}{L}} \sin\left(\frac{t}{\sqrt{LC}}\right) \tag{9.19}$$

$$C = \frac{C_1 C_2}{C_1 + C_2} \tag{9.20}$$

となる。

また，コンデンサ C_2 の電圧は

$$v_2 = \frac{1}{C_2}\int_0^t i_c dt = V_0 \frac{C_1}{C_1+C_2}\left(1-\cos\left(\frac{t}{\sqrt{LC}}\right)\right) \tag{9.21}$$

となることから，C_2 に充電される電圧最大値は各コンデンサ容量によって大きく異なる。図 9-8 に示すように $C_1 = C_2$ となるとき，すなわち各コンデンサの容量が等しいときにエネルギー転送効率は 100％ となる。

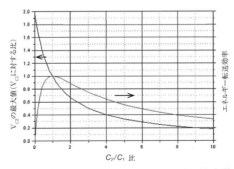

図 9-8　各コンデンサ容量による電圧最大値と
　　　　エネルギー転送効率の変化

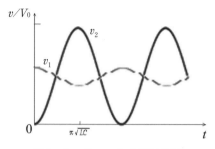

図 9-9　$C_1 \gg C_2$ の電圧波形

そのときの C_2 の電圧は，

$$v_2 = \frac{V_0}{2}\left(1 - \cos\left(\frac{t}{\sqrt{LC}}\right)\right) \tag{9.22}$$

で示されるように各コンデンサに充電される電圧と最大値が等しくなる。また，$C_1 \gg C_2$ であるならば，C_2 には V_0 の二倍近い電圧が充電されることとなる。このときの波形は，図 9-9 に示すように $t = \pi\sqrt{LC}$ のときに C_1 から C_2 へのエネルギー転送効率が最大となる。したがって，スイッチ S_1 を閉じた後，C_2 の電圧が最大となる時間で動作する開放スイッチが必要となるが，過飽和インダクタンスやダイオード等で置き換えることができる。

9.4.2　LC反転回路

図 9-10 は **LC 反転回路** と呼ばれるパルスパワー発生回路である。インダクタンス L，コンデンサ C_1，C_2，スイッチ S からなり，直列に接続されたコン

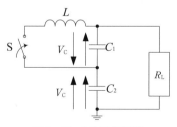

図 9-10　LC 反転回路

デンサをそれぞれ V_c まで充電する*。その後, S を閉じると L と C_1 による共振が発生する。C_1 の電圧波形は共振し,その電圧が充電電圧に対して反転したときに,負荷には $2V_c$ の最大電圧が加わる。また,この回路を積み重ねることによって,段数に応じた出力電圧が得ることができる。

9.5　さまざまなスイッチ

9.1 で述べたように,スイッチによって,負荷へ加えることが可能な電圧,電流最大値や周波数,パルス幅が決まるため,パルスパワー発生にはスイッチング素子の選定が非常に重要となる。

スイッチには,ターンオンすることで負荷へエネルギーを転送するクロージングスイッチ,ターンオフすることでエネルギー転送を行うオープニングスイッチに分けられる。ここでは,その両者の具体的なスイッチについて紹介する。

9.5.1　クロージングスイッチ

(a) 半導体短絡スイッチ；サイリスタ, GTO, MOSFET, IGBT

サイリスタ (thyristor) は,半導体中の p 型の領域と n 型の領域が重なり,pnpn の 4 重の構造となっている。最初の p 型領域にアノード端子,n 型領域にカソード端子,中間の p 型領域がゲート端子となっており,アノードに正電圧,カソードに負電圧,トリガに信号を加えることでターンオンする。このときにゲート信号を 0 としても,アノード–カソード間の電流が一定値以上であれば,導通状態となる。サイリスタはゲート信号によってターンオフできないが,負のゲート電流によってターンオフ可能な **GTO サイリスタ**（gate turn-off thyristor；GTO thyristor）も存在する（図 9-11）。

---

* この回路の場合, C_1 の充電は負荷 R_L を通して充電されることとなる

図9-11 サイリスタ図記号, GTO図記号　　図9-12 MOSFET 図記号*, IGBT 図記号

MOS-FET（metal-oxide-semiconductor field-effect transistor）はゲートの構造が金属酸化膜（metal oxide）構造となっており，ゲートに正の電圧を加えることでソース-ドレイン間を導通し，ゲート電圧を0とすると遮断する電圧駆動形の素子である．電流駆動形であるトランジスタに比べて，高速スイッチングが可能であるが大容量化が難しいという問題がある．

IGBT（insulated gate bipolar transistor）は，ゲート部と主電流が流れるコレクター-エミッタ間が絶縁された構造となっており，MOSFET とパワートランジスタが素子内に組み込まれた構造となっている．したがって，トランジスタの持つオン電圧の小ささと MOSFET の持つ高速スイッチング性を兼ね備えた特性を持つ（図9-12）．

(b) 磁気短絡スイッチ

磁気短絡スイッチは，磁性体の持つ磁化曲線の非線形性を利用したものである．たとえば，磁性体に巻数 N で環状ソレノイドを形成したとすると，このときのインダクタンス L [H] は

$$L = \frac{\mu N^2 S}{l} \tag{9.23}$$

となる．μ は磁性体の透磁率，S は磁性体の断面積，l はソレノイドの有効線

---

* これは P-chennal のエンハンスメント（ノーマリオフ）の MOSFET である．ほかにも N-chennal, ディプレッション（ノーマリオン）などによって記号が異なる

路長である。ここで，磁性体に電圧を加え飽和させたとすると，

$$Ls = \frac{\mu_0 N^2 S}{l} \tag{9.24}$$

となる。これは磁性体をなくした環状ソレノイドのインダクタンスであり，インダクタンスが著しく減少することとなる。このインダクタンスの変化をスイッチングに利用している。

(c) 放電短絡スイッチ；自爆型と3点トリガ型

2つの金属球を近接させ，そのギャップ間隔を変えることで高電圧をスイッチングする放電ギャップスイッチは短絡スイッチのひとつである。ギャップ間の媒体の絶縁破壊電圧が増加した場合にスイッチングを実現する**自爆形スパークギャップスイッチ**（self-triggered spark gap switch）であるが，これ以外にも外部トリガによって，放電を実現する**3点トリガスパークギャップスイッチ**（triggered spark gap switch）がある（図9-13）。

これは，主電極とトリガ電極の3つの電極から構成される。トリガ電極と主電極との間で微少な放電をお起こし電子を生成させ，主放電を発生させる。トリガ電極で発生する放電電圧は，主電極と比べて低く，トリガ電極によって主電極を導通させられることが特徴である。

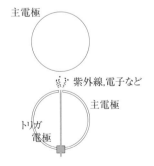

図9-13　3点トリガスパークギャップスイッチ
　　　　（写真は円柱型の主電極構造となっている）

9.5.2 オープニングスイッチ

(a) 半導体オープニングスイッチ

MOSFET や IGBT 等の半導体スイッチは, 制御信号によって主電流を遮断できるため開放スイッチと見なすこともできるが, ターンオン時間に比べて時間を要する[4]。**半導体オープニングスイッチ**（semiconductor opening switch；SOS）は, キャリアの蓄積効果によって, kA の大電流を高速に遮断することが可能である。pn 接合に順バイアスを印加すると, n 領域から p 領域に電子, p 領域から n 領域にホールが移動した状態となる。このとき, キャリアが再結合する前に pn 接合に逆バイアスを加えると逆方向に一時的に電流が流れる状態となる。各領域の少数キャリアが戻されるまで逆電流が流れ続け, その後急激に電流を遮断する。SOS の両端に負荷を接続することで, 電流遮断により誘導電圧が発生する。少数キャリアが蓄積している時間はきわめて短いため逆方向に流す電流は, 立ち上がりがきわめて急峻な大電流である必要がある（図9-14）。

(b) 電力ヒューズ

電力ヒューズ（fuse）は, 負荷回路の過電流保護を目的として利用される低抵抗のデバイスである。通常, 負荷短絡や過負荷の際に生じた過電流によって, 電気機器の損傷を防止することを目的としている。ヒューズに定められた定格

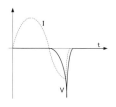

図 9-14 SOS の出力電圧電流波形

---

(4) ターンオフ時間が大きいのは動作に寄与するキャリアを引き抜くためである

遮断電流を超えると，過電流によってヒューズ内の可溶体（ヒューズエレメント）が発熱し，溶断して回路を遮断する。

パルスパワーの分野では，その遮断動作をオープニングスイッチとして利用する。中には遮断電流が 25 MA を超え 100μs～10ns の時間で電流を遮断できるものも存在する。ほとんどはワンショット動作であり，繰り返し動作が可能なものは，遮断時間に比べて回復時間が長いものが多い。

(c) その他の開放スイッチ；POS

プラズマを用いたオープニングスイッチ（plasma opening switch：POS）は，100kA～10MA の大電流パルスの高速スイッチングに利用されている。図 9-15 のように電源側と負荷側の間の同軸線路間にプラズマを発生させる。電源側から負荷側への電流によってプラズマのエロージョンが発生し，電子が次第に磁場絶縁されることにより，負荷側領域へエネルギーがパルス状となって転送される*。POS は Z ピンチやイオンビーム生成などに応用されている。

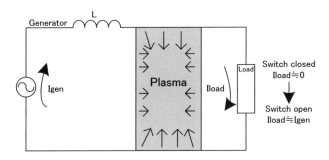

図 9-15　プラズマオープニングスイッチ原理図

---

* POS に対し，磁場によってプラズマをオープニングスイッチとして利用する（Micro-second conduction-time POS）MPOS がある

演習問題

(1) 図9-4の回路において負荷が増加して $R^2 > 4L/C$ であれば，電流波形はどのようになるか．

(2) 50MAのインパルス状の大電流を発生させたい．500kAを発生させる場合の何倍の静電容量が必要であるか．ただし，他の回路定数は変化しないものとする．

(3) 下記の回路において，負荷への電流が共振する条件となる R_L の値を求めなさい．

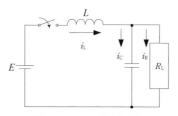

図9-16　LC共振回路

(4) 有効磁束密度 B[Wb/m^2]，断面積 A[m^2] の磁性体から構成される過飽和インダクタに電圧 $v = V_m(1-\cos\omega t)$ [V] の電圧を加えるとする場合，電圧が最大となる点で飽和するためには巻数 N はいくらになるか．

（実習；*Let's active learning!*）

以下の回路を 5kHz，5kV，10A で動作をさせたい場合，半導体スイッチをどのような素子に変更することが好ましいか．データシートを検索して，適当な素子が実在するか検討せよ．

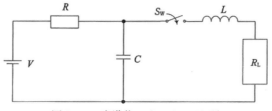

図9-17　半導体スイッチング回路

Ans. IGBT，MOSFET 等が適当。ディクリート型ではなく，パワーモジュール型がほとんどとなる。また，定格については 1.5～2 倍程度の余裕をもつことが好ましい。

演習解答

(1) 電流波形の立ち上がり時間は増加し，立ち下がりは減少する。

(2) 出力される電流の最大値は静電容量の平方根に比例するので

$$\left(\frac{50\times10^6}{500\times10^3}\right)^2 = 10^4 倍$$

(3) スイッチがターンオンした場合，

$$i_L = i_R + i_c$$

$$L\frac{di_L}{dt} + Ri_R = E$$

$$L\frac{di_L}{dt} + \frac{1}{C}\int i_c dt = E$$

が成り立つこれらの式から特性方程式は

$$LRC\lambda^2 + L\lambda + R\lambda = 0$$

よって

$$\lambda = \frac{-L \pm \sqrt{L^2 - 4LR^2C}}{2LRC}$$

これより，減衰振動となる条件は $L^2 - 4LR^2C < 0$ なので

$$R < \frac{1}{2}\sqrt{\frac{L}{C}}\ [\Omega]$$

(4) 電圧が最大となる $t_1 = \pi/\omega$ において

$$\int_0^{t_1} v dt = NBA$$

これを解くと

$$N = \frac{V_m t_1}{BA}$$

引用・参考文献

1) 秋山秀典:高電圧パルスパワー工学,オーム社,2003.
2) 日高邦彦:高電圧工学,数理工学社,2009.
3) 花岡良一:高電圧工学,森北出版,2007.
4) 片岡 昭雄:パワーエレクトロニクス入門,森北出版,2008.
5) 武田進:気体放電の基礎,東京電機大学出版局,1990.

10章　パルスパワーをよりうまくつくる

9章では，パルスパワーの発生について，各々の構成要素の原理について学んだ．本章では，それらの原理を使ったパルスパワー発生方法と実際のパルスパワーの発生方法について学習する．

10.1　パルス形成回路

まず，図10-1のように，LとCが2個ずつ接続されている回路を考え，抵抗R_Lの両端の電圧V_{out}の波形がどのようになるかを求めてみよう．各回路素子の数値は，表10-1の4つの条件とする．

回路中の閉路電流をi_1, i_2, 各キャパシタの初期充電電圧をV_0, 蓄積された電荷量をQ_1, Q_2とすると，以下のような式をつくることができる．

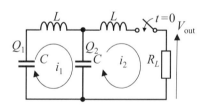

図10-1　パルス形成回路例（2段）

表10-1　パルス形成回路の条件

条件	V_0 [V]	L [μH]	C [μF]	R_L [Ω]	$\sqrt{L/C}$
1	1000	20	0.002	100	100
2	1000	50	0.02	50	50
3	1000	100	0.04	50	50
4	1000	100	0.04	20	50

$$\frac{di_1}{dt} = \frac{1}{LC}(Q_1 - Q_2), \quad \frac{di_2}{dt} = \frac{1}{LC}(Q_2 - CR_L i_2) \tag{10.1}$$

また，各キャパシタに蓄積される電荷量は次式となる．

$$Q_1 = CV_0 - \int_0^t i_1 dt, \quad Q_2 = CV_0 - \int_0^t (i_2 - i_1)dt \tag{10.2}$$

式（10.1）と式（10.2）をもとに数値解析を行うと，電圧 V_{out} は図10-2のようにパルス状になることが分かる．L と C が増加するとパルス幅が長くなるが，これは回路の時定数が長くなるからである．条件1～3は $R_L = \sqrt{L/C}$ であるが，条件4のみ $R_L \neq \sqrt{L/C}$ である．波形を比べてみると，条件1～3は V_{out} のピーク値は約550Vで V_0 の約1/2であるが，条件4は約300Vであり，$10\mu s$ 以降で大きく負に振れている．R_L と $\sqrt{L/C}$ の関係がなぜこのような波形の違いに表れるのかについては，演習問題(1)について検討すると明らかになる．
図10-1の回路では，L と C が2個ずつ接続されているが，図10-3のように，L と C が多段数に縦続接続された回路を**パルス形成回路**（PFN：pulse forming network）と呼ぶ．図10-1と同様に，スイッチSを閉じることによって，抵抗 R_L の両端にパルス電圧 V_{out} が現れる．L と C の接続段数を増やすほど V_{out} は矩形波に近づく（章末の実習で確かめてみよう）．

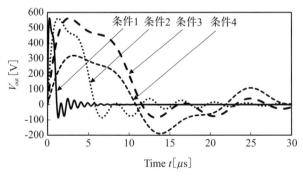

図10-2　PFNの数値解析結果（2段）

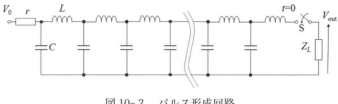

図10-3　パルス形成回路

10.2 パルス形成線路

10.2.1 波動方程式とその解

前節では，集中定数回路として C と L が縦続接続された回路について考えた。本節では，無限個の C と L が接続されたらどうなるかを考えてみよう。図 10-4 は，長さ ℓ の線路（平行導線）があり，この線路は有限長であるが，無限小の C と L が接続されていると考える。このように考えた線路を**分布定数回路**（distributed constant circuit）と呼ぶ。線路中の C と L は単位長さあたりの値で[F/m]および[H/m]で定義する。また，電圧と電流は，原点から距離 z と時刻 t をパラメータにして $v(z,t)$ と $i(z,t)$ と表示される。図 10-5 は，図 10-4 の微小距離 dz の区間を拡大して表示した図である。ここでは抵抗成分は無視している。

微小距離 dz あたりのキャパシタンスとインダクタンスは Cdz, Ldz となるので，キャパシタンスに流れる電流 $(Cdz)\partial v/\partial t$ とインダクタンスにかかる電圧 $(Ldz)\partial i/\partial t$ を用いて次式が導かれる。

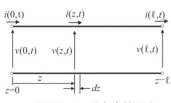

図10-4　分布定数回路

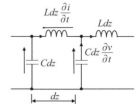

図10-5　分布定数回路の微小区間

$$\frac{\partial v}{\partial z} = -L\frac{\partial i}{\partial t}, \quad \frac{\partial i}{\partial z} = -C\frac{\partial v}{\partial t} \tag{10.3}$$

上式から，次の方程式が得られる。

$$\frac{\partial^2 v}{\partial t^2} = \left(\frac{1}{LC}\right)\frac{\partial^2 v}{\partial z^2}, \quad \frac{\partial^2 i}{\partial t^2} = \left(\frac{1}{LC}\right)\frac{\partial^2 i}{\partial z^2} \tag{10.4}$$

式（10.4）の2つの方程式は**波動方程式**（wave equation）と呼ばれ，分布定数線路では電圧と電流は「波」として扱われることを意味している。これらの方程式の解は次のような式となる。

$$v(z,t) = v_a(z - s_p t) + v_b(z + s_p t) \tag{10.5}$$

$$i(z,t) = \frac{1}{Z_0}\{v_a(z - s_p t) - v_b(z + s_p t)\} \tag{10.6}$$

ただし $s_p = 1/\sqrt{LC}$，$Z_0 = \sqrt{L/C}$ である。

　式（10.5）および式（10.6）が意味する物理的イメージを以下で説明しよう。図 10-6 には横軸に線路上の座標軸 z をとり，それに対する電圧の変化が描かれている。ただし，式（10.5）の v_a（z-$s_p t$）のみを描いている。ここで，z-$s_p t$ = A（一定値）となる点に着目する。この式から dz/dt を求めると，

$$\frac{dz}{dt} = s_p \tag{10.7}$$

となる。すなわち，時刻 t の経過に対して，z は s_p の割合で増加することになる。このことは，z-$s_p t$ が一定となる点は速度 s_p で z の正方向に移動することを意味している。図中では，z_1-$s_p t_1$ = z_2-$s_p t_2$ = A（一定値）となる点の様子を表している。この点は，時刻 t が経過すると z 軸の正方向に一定速度で進んでい

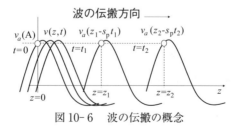

図 10-6　波の伝搬の概念

るように見える。このような速度s_pを**位相速度**（phase velocity）あるいは**伝搬速度**（propagation velocity）と呼ぶ。ここで，v_aはz軸の正の方向へ向かう波であり**入射波**（incident wave）と呼び，v_bはz軸の負の方向へ向かう波であり**反射波**（reflected wave）と呼ぶ。Z_0は**特性インピーダンス**（characteristic impedance）あるいは**波動インピーダンス**（wave impedance）と呼ぶ。Z_0は電圧と電流の比を決めるパラメータであり，無損失の線路であれば周波数に無関係である。

10.2.2　波の反射と透過

　線路が無損失であり，特性インピーダンスが一定に保たれていれば，線路上の電圧と電流の比は特性インピーダンスで決まり，一定値に保たれる。もし，線路中のある点で特性インピーダンスが変化したとすると，その地点で電圧と電流の比が変化することになる。このことは，波が一様に伝搬しなくなり，反射波が現れることを意味している。インピーダンスが変化する点において，反射波が発生する割合と位相関係は2つのインピーダンス値の関係に依存する。たとえば，特性インピーダンスZ_0の線路の終端に特性インピーダンスZ'の線路が接続されたとすると，接続点での**反射係数**（reflection coefficient）m_rは以下の式で定義される。

$$m_r = \frac{Z' - Z_0}{Z_0 + Z'} \tag{10.8}$$

このm_rは，その絶対値が入射波の振幅に対する反射波の振幅の割合，つまり式（10.5）および式（10.6）のv_b/v_aと定義される。$Z_0 = Z'$であれば$m_r = 0$となり反射波は発生しない。もし$m_r < 0$であれば，位相が逆転して反射し，$m_r > 0$であれば同位相で反射することになる。一方，接続点を透過する波の振幅と位相は，$m_t = 1 + m_r$で決まり，このm_tを**透過係数**（transmission coefficient）と呼ぶ。このような波の反射と透過は，この後に学習するパルス形成線路を使ったパルスパワーの発生の原理を理解する上で重要である。なお，10.1において，R_Lと$\sqrt{L/C}$の関係がパルス形成回路の波形に影響することを

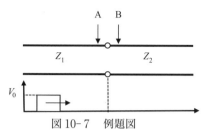

図 10-7　例題図

指摘したが，このときの $R_L = \sqrt{L/C}$ という条件は，反射係数 $m_r = 0$ となる条件と一致する。

例題 10.1　図 10-7 のように特性インピーダンスが Z_1 と Z_2 の線路①と②が接続されている。矩形波パルスが左側から右側へ向かって伝搬し，接続点を通過していくとき，点 A，B ではどのような電圧が観測されるだろうか。点 A は接続点よりもわずかに左側，点 B は接続点よりもわずかに右側の点であり，$3Z_1 = Z_2$ の関係があるものとする。

解)

$3Z_1 = Z_2$ の関係から，接続点での反射係数 m_r および透過係数 m_t は以下のようになる。

$$m_r = \frac{Z_2 - Z_1}{Z_1 + Z_2} = \frac{3Z_1 - Z_1}{Z_1 + 3Z_1} = \frac{1}{2}, \quad m_t = 1 + m_r = \frac{3}{2}$$

したがって，接続点では $V_0/2$ の反射波と $3V_0/2$ の透過波が発生し，A 点と B 点での電圧波形は図 10-8 のようになる。

10.3　パルスパワー発生の具体例

10.1 および 10.2 において，パルス形成回路およびパルス形成線路によるパルスパワー発生の原理について述べたが，本節では，これらの原理に基づいたパルスパワー発生の具体的な方法例について解説する。

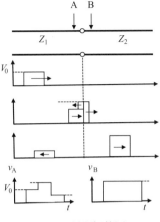

図 10-8　例題解答図

10.3.1　単一線路

パルス形成線路の原理を使ったものとして，主に図 10-9 に示すように，平行平板を対向させた**ストリップ線路**（strip line）と**同軸線路**（coaxial line）がある。線路の一端に充電のための電源 V_0 と充電抵抗 Z_s が接続され，もう一端にはスイッチ S と負荷 Z_L が接続されている。Z_L の両端で出力電圧 V_{out} が得られる。この単一線路によるパルス電圧の発生を図 10-11 の回路を用いて考えてみよう。なお，次式の関係があるものとする。

$$Z_L = Z_0, \quad Z_s \gg Z_0 \tag{10.9}$$

特性インピーダンス Z_0 の分布定数線路が，電圧 V_0 に充電された後，スイッチ S が ON されたと考える（図 10-10）。このとき Z_L の電圧と電流が V'，I' となったとすると，$V' = I' Z_L$ の関係が成り立つ。S の ON 前後の線路の負荷端の電圧の変化は $\Delta V = V' - V_0$ である。一方，S の ON 以前は Z_L の電流はゼロなので，電流の変化は $\Delta I = I' = V'/Z_L$ である。以上の式に $Z_L = Z_0$ を考慮すると，$\Delta V = -V_0/2$ となる。これは，$-V_0/2$ の電圧波が電源側へ向かって伝搬していくことを意味している。

式（10.8）に式（10.9）を考慮すると，電源端および負荷端での反射係数

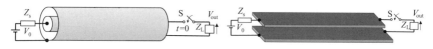

(a) 同軸線路　　　　　　　　　　(b) ストリップ線路

図 10-9　単一線路によるパルスパワー発生

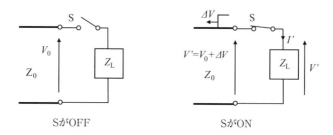

SがOFF　　　　　　　　　　SがON

図 10-10　スイッチSのON前後の電圧・電流の変化

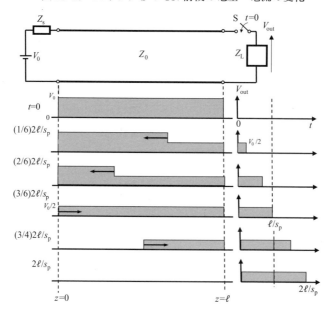

図 10-11　単一線路によるパルスパワー発生（$Z_L=Z_0, Z_s \gg Z_0$）

10.3 パルスパワー発生の具体例

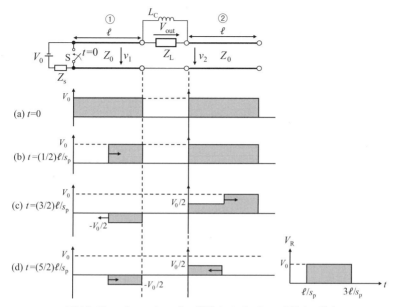

図 10-12 ブルームライン線路によるパルス電圧の発生

m_{rs}, m_{rL} は，

$$m_{rs} = \frac{Z_s - Z_0}{Z_0 + Z_s} \approx \frac{Z_s}{Z_s} = 1 \quad , \quad m_{rL} = \frac{Z_L - Z_0}{Z_0 + Z_L} = 0 \tag{10.10}$$

したがって，$-V_0/2$ の電圧波は，電源端では同位相で反射し，その振幅は $-V_0/2$ である。この反射波は負荷側へ向かって伝搬するが，負荷端では反射は起きない。以上の経過から，負荷端で観測される電圧パルスは，振幅が $V_0/2$ でありパルス幅 ΔT は線路長を ℓ とすると以下の式となる。

$$\Delta T = \frac{2\ell}{s_p} \tag{10.11}$$

10.3.2 ブルームライン線路

前述の単一線路では，出力電圧は充電電圧の半分の値になるが，**ブルームライン線路**（Blumelein line）を用いることによって充電電圧と等しい電圧を出

力することができる。回路とその動作の様子を図 10-12 に示す。2 つの長さ ℓ の線路①，②があり，各線路の特性インピーダンスを Z_0，負荷抵抗を Z_L とする。左側には電源 V_0 とその充電インピーダンス Z_S，スイッチ S が接続されている。ただし，$Z_L = 2Z_0$，$Z_S \gg Z_0$ とする。負荷端のインダクタンス L_c は，線路①②を同じ電圧 V_0 に充電するために挿入されている。各線路の電圧を v_1，v_2 とし，それらの向きを矢印の向きにとっている。スイッチ S が OFF の状態で十分時間が経過すると，線路上全体で $v_1 = v_2 = V_0$ であるので，V_{out} はゼロである（図(a)）。スイッチ S を ON すると，線路①の電源端は電位差がゼロとなるので，S の ON 前後の電圧の変化は $\Delta V = -V_0$ となり，$-V_0$ の電圧波が負荷端に向かって伝搬する（図(b)）。線路①の負荷端の反射係数と透過係数は，

$$\text{反射係数 } m_r : \frac{Z_L + Z_0 - Z_0}{Z_L + Z_0 + Z_0} = \frac{2Z_0 + Z_0 - Z_0}{2Z_0 + Z_0 + Z_0} = \frac{1}{2}, \quad (10.12)$$

$$\text{透過係数 } m_t : 1 + \frac{1}{2} = \frac{3}{2} \quad (10.13)$$

となる。したがって，この負荷端で $-V_0/2$ が反射し，$-3V_0/2$ が透過する。透過した $-3V_0/2$ は，Z_L（$= 2Z_0$）と線路②の Z_0 で分圧され，$-V_0/2$ が線路②を伝搬する（図(c)）。以後，各電圧波は，線路①と②を伝搬する。各端を反射係数 1 で反射し，再び負荷端に向かって伝搬する（図(d)）。負荷端に到達した時点で互いに打ち消し合い消滅する。以上の結果，負荷抵抗 Z_L の両端では，パルス幅 $t = 2\ell/s_p$，電圧値 V_0 のパルス電圧が得られる。

10.4 パルスパワーをどのように負荷に伝えるか

　発生したパルスパワーを負荷に伝える役目をするのが**パルス伝送線路**（pulse transmission line）である。例題 10.1 で学習したように，伝送線路の特性インピーダンスが変化すると，その箇所で反射波が生じ，エネルギーが効率よく伝送されない。パルスパワー発生源の内部インピーダンス，伝送線路の特性インピーダンス，負荷インピーダンスをすべて等しくすれば，反射波を生

じさせることなく負荷にエネルギーを伝送することができる。このようにインピーダンスを等しくすることを，**インピーダンス整合**（impedance matching）という。たとえば，代表的なパルス伝送線路として同軸線路があるが，この特性インピーダンスは，内部導体および外部導体の半径を a, b とすれば，以下の式で与えられる。

$$Z = \frac{1}{2\pi}\sqrt{\frac{\mu}{\varepsilon}} \ln\left(\frac{b}{a}\right) \tag{10.14}$$

10.5 インピーダンス変換

前節でインピーダンス整合について述べたが，実際のパルスパワー発生システムでは，すべてのインピーダンスを等しく作ることは難しいため，インピーダンス変換をすることによって反射波を抑制する。本節ではその方法について学ぶ。

10.5.1 パルストランスによるインピーダンス変換

パルストランス（pulse transformer）とは，広い周波数帯域を持つトランスである。トランスは昇圧や降圧を目的として使われることが多いが，場合によっては電源と負荷との間のインピーダンス整合にも用いられる。本節ではその原理について学習する。図 10-13 は，パルス形成回路とパルストランスを使ったパルスパワー電源である。パルス形成回路のインピーダンスは $Z_0 = (L/C)^{1/2}$ であり，負荷 Z_L との関係は $Z_0 \neq Z_L$ であるとする。このとき，パルス形成回路と負荷とがインピーダンス整合をするための条件を求めてみよう。パルストランスの巻数比を $1:n$ とし，パルストランスの一次電圧，一次電流を V_1, I_1，二次電圧，二次電流を V_2, I_2 とすると，

$$\frac{V_2}{V_1} = n, \quad \frac{I_2}{I_1} = \frac{1}{n} \quad \text{より} \quad \frac{V_1}{I_1} = \frac{1}{n^2}\frac{V_2}{I_2} \tag{10.15}$$

インピーダンス整合のためには，$V_2/I_2 = Z_L$, $V_1/I_1 = Z_0$ となればよいので，

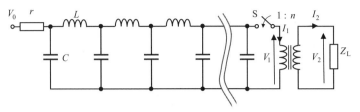

図 10-13　パルストランスを使ったインピーダンス変換

$$Z_0 = \frac{1}{n^2} Z_L \tag{10.16}$$

したがって，上式を満たすように n を決定すればインピーダンス整合をとることができる。

例題 10.2　図 10-13 の電源において，$Z_L = 500\ \Omega$，$C = 75$ nF，$L = 30$ mH とすると，インピーダンス整合をとるためには，パルストランスの巻数比をいくらにすればよいだろうか。

解)

$$Z_0 = \sqrt{\frac{L}{C}} = 20\ \Omega\ \text{なので，}\ Z_0 = \frac{1}{n^2} Z_L\ \text{より，}\ n = \sqrt{\frac{Z_L}{Z_0}} = 5$$

したがって，巻数比を 5 にすればインピーダンス整合がとれる。

10.5.2　テーパー線路によるインピーダンス変換

分布定数線路を使ったインピーダンス変換方法として，**テーパー線路**（tapered line）がある。図 10-14 のように，特性インピーダンス Z_1 の線路と Z_2 の線路を接合するテーパー状の線路である。式 (10.12) より，同軸線路の特性インピーダンスは内外導体の直径に依存するため，テーパー状の箇所では特性インピーダンスが一定の割合で徐々に変わる。このようにすれば，完全ではないが大幅に反射波を軽減することができる。もし，線路上でのエネルギー損失がゼロであるならば，以下の関係が成り立つ。

$$V_1 I_1 = V_2 I_2 \tag{10.17}$$

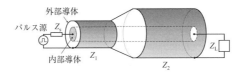

図 10-14　テーパー線路

ただし，線路 Z_1 の電圧，電流を V_1, I_1, 線路 Z_2 の電圧，電流を V_2, I_2 とする。上式より以下の関係が導かれる。

$$\frac{V_2}{V_1} = \sqrt{\frac{Z_2}{Z_1}}, \quad \frac{I_2}{I_1} = \sqrt{\frac{Z_1}{Z_2}} \tag{10.18}$$

$Z_1 = Z_s$ および $Z_2 = Z_L$ とすればインピーダンス整合をとることができる。また，テーパー線路を用いると，電圧と電流は特性インピーダンスの比の平方根で決まり，トランスと同じ役割をする。

10.6　パルスパワーをさらに圧縮するためには？

10.6.1　パルストランスによる電圧増幅

出力の高電圧化のために充電電圧を上げると，スイッチング素子や誘電体材料の絶縁が問題になる。そのような場合，比較的低い電圧で充電してパルス圧縮を行い，負荷の直前で電圧を増幅すれば絶縁対策が楽になる。10.5.1 に示すように，パルストランスの巻数比 n を大きくすることによって電圧増幅をすることができる。留意することは，磁心は高透磁率，高周波数帯域のものを使用し，電圧波形に対して磁束密度が飽和しないように巻数と磁心のサイズを決めることである。

10.6.2　磁気スイッチによるパルス圧縮

磁気スイッチを用いたパルス幅の短縮方法を，**磁気パルス圧縮**（magnetic pulse compression）という。図 10-15 はその回路例である。初期状態では磁気スイッチ SI は OFF 状態であるとして，キャパシタ C_0 を V_0 に充電した後，

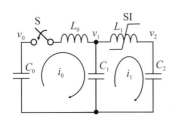
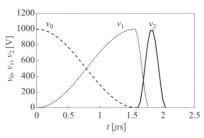

図 10-15　磁気パルス圧縮回路　　図 10-16　パルス圧縮の例

スイッチ S を閉じてキャパシタ C_0 を放電させる。C_0 の充電エネルギーが C_1 に移動した後, SI が ON し, C_1 から C_2 にエネルギーが移動する。このような回路動作において, C_1 の電圧 v_1 と C_2 の電圧 v_2 の波形を比較してみよう。ただし, $C_0 = C_1 = C_2$ とし, v_1 がピークに達したときに SI が ON するものとする。また, SI が ON したときは $L_1 \ll L_0$ の関係があるものとする。

まず, $t = 0$ でスイッチ S が閉じて i_0 が流れとすると, キャパシタ C_1 の電圧 v_1 は次式となる。

$$v_1 = \frac{1}{C_1}\int_0^t i_0 dt = \frac{V_0}{2}\left(1 - \cos\frac{t}{\sqrt{L_0 C}}\right) \tag{10.19}$$

電圧 v_1 がピークに達したときに SI が ON して i_1 が流れたとすると, キャパシタ C_2 の電圧 v_2 は次式になる。

$$v_2 = \frac{1}{C_2}\int_0^t i_1 dt = \frac{V_0}{2}\left(1 - \cos\frac{t}{\sqrt{L_1 C'}}\right) \tag{10.20}$$

v_1 と v_2 を, $C_0 = C_1 = C_2 = 1\,\mu\text{F}$, $L_0 = 500\,\text{nH}$, $L_1 = 10\,\text{nH}$, $V_0 = 500\,\text{V}$ の条件で時間変化を描くと図 10-16 のようになる。v_1 はピークに達するのに約 $1.5\,\mu\text{s}$ かかっているが, v_2 では約 250 ns に短縮されている。この時間の差はエネルギーの転送時間の差であり, v_1 では $\pi\sqrt{L_0 C}$, v_2 では $\pi\sqrt{L_1 C'}$ できまる。このように磁気スイッチを用いることによってパルス圧縮が可能である。

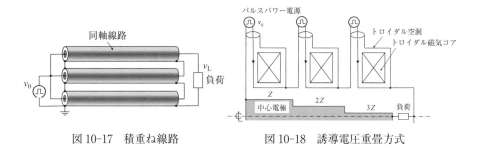

図10-17 積重ね線路　　　　図10-18 誘導電圧重畳方式

10.6.3 積重ね線路

図10-17は，同軸線路を3段に積重ね，入力側にパルスパワー電源v_0が接続されている。v_0は各線路に並列に入力され，出力側で電圧が直列に加算される。負荷電圧v_Lは線路の積重ね段数をNとすれば，$v_L = N v_0$となり，電圧増幅ができる。下図は$N = 3$の例である。

10.6.4 開放スイッチを用いたパルス圧縮

9章で誘導性エネルギー蓄積方式によるパルスパワー発生について学んだが，この方式を用いるとパルス圧縮が可能である。10.6.1で述べた磁気パルス圧縮と半導体開放スイッチの組み合わせによってパルス圧縮を可能にした方式が考案されている。

10.6.5 誘導電圧重畳

図10-18に誘導電圧重畳によるパルスパワー発生方式を示す。装置は全体として同軸形状になっており，トロイダル状の磁気コアが空洞に設置されている。各パルスパワー電源が空洞への入力端子に接続されている。各磁気コアが高インダクタンスを持つようにしておけば，各パルスパワー電源からの入力電圧が磁気コアの設置段数Nで重畳され，結果として電圧増幅をすることができる。

演習問題

(1) 下図の RLC 直列回路について，初期電圧が充電されたキャパシタがスイッチSによって放電する場合に，抵抗 R に供給される電力 P が最大になる条件が $R=\sqrt{L/C}$ となることを示しなさい。ただし，キャパシタ C に蓄積されるエネルギーとインダクタ L に蓄積されるエネルギーの総和は常に一定 $(CV_C^2/2+LI^2/2=K)$ であるとする。

(ヒント) 回路電流 I がピークになっている条件 $(dI/dt=0)$ で考えてみなさい。

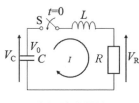

図　演習問題

(2) 単一線路におけるパルス幅を表す式（10.11）を用いて，パルス形成回路（10.1 の図 10-3）のパルス幅を表す式を導出しなさい。ただし，パルス形成回路の段数を N，1段あたりのインダクタンスとキャパシタンスをそれぞれ L, C としなさい。

(3) 分布定数線路による単一線路を使ったパルスパワー発生（図 10-9）において，$Z_L \gg Z_0$，$Z_S = Z_0$ の条件での負荷端での出力電圧を描いてみなさい。

(4) 図 10-11 例題図において，$Z_1=3Z_2$ の場合の点 A，B で観測される電圧波形を描いてみなさい。

(実習：*Let's active learning!*)

図 10-1 の回路で，接続段数をさらに増やした場合に出力電圧 V_{out} がどのように変化するかを確かめてみなさい。演習問題(2)で導出した式からパルス幅を算出し，数値解析結果と比べてみなさい。参考のため表 10-2 に表計算ソフトの入力例を示す。

10.6 パルスパワーをさらに圧縮するためには？

表10-2 表計算ソフトによる計算例

	A	B	C	D	E	F	G	H	I	J	K	L	M	N
1	t [s]	V0 [V]	C [F]	L [H]	RL [ohm]	Q1	Q2	di1/dt	di2/dt	i1	i2	Int_i1	Int_ (i2-i1)	Vout
2	0.0E-9	1000	20.0E-6	0.002E-6	100	= B2*C2 -L2	= B2*C2 -M2	= (F2-G2)/ (C2*D2)	= (G2-C2* E2* K2)/ (C2*D2)	0	0	0	0	= E2*K2
3	= A2 + 5.0E-9	1000	20.0E-6	0.002E-6	100	= B3*C3 -L3	= B3*C3 -M3	= (F3-G3)/ (C3*D3)	= (G3-C3* E3* K3)/ (C3*D3)	= H3* (A3-A2) + J2	= I3* (A3-A2) + K2	= J3* (A3-A2) + L2	= (K3-J3)* (A3-A2) + M2	= E3*K3
4	= A3 + 5.0E-9	1000	20.0E-6	0.002E-6	100	= B4*C4 -L4	= B4*C4 -M4	= (F4-G4)/ (C4*D4)	= (G4-C4* E4* K4)/ (C4*D4)	= H4* (A4-A3) + J3	= I4* (A4-A3) + K3	= J4* (A4-A3) + L3	= (K4-J4)* (A4-A3) + M3	= E4*K4
5	.	.	.	.	.									
6	.	.	.	.	.									

演習解答

(1) $dI/dt=0$ とすると，$V_C = V_R$，したがって $V_C I = V_R I$

ここで R に供給される電力 $P = V_R I$ が最大になる条件を求める。
$W_C = CV_C^2/2$ より，$V_C = \sqrt{2W_C/C}$，また $W_L = LI^2/2$ より，$I = \sqrt{2W_L/L}$，より

$$P = V_R I = V_C I = 2\sqrt{\frac{W_C W_L}{CL}} = 2\sqrt{\frac{W_C(K-W_C)}{CL}}$$

P が最大になるための条件は，上式から $W_C = W_L$ となる。したがって，

$$LI^2 = CV_C^2 \Rightarrow \sqrt{\frac{L}{C}} = \frac{V_C}{I} = \frac{V_R}{I} = R$$

(2) $\Delta T = 2\ell/s_p$ より $s_p = 1/\sqrt{L'C'}$ とすると，$\Delta T = 2\ell\sqrt{L'C'}$，ただし，$L'$ [H/m]，C' [F/m] とする。ここで，$L' = LN/\ell$，$C' = CN/\ell$ とすれば，
$\Delta T = 2N\sqrt{LC}$

(3) V_out は下図のようになる。

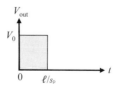

(5) v_A および v_B は下図のようになる。

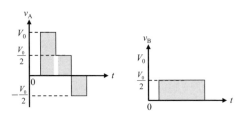

引用・参考文献

1) 秋山秀典編著：高電圧パルスパワー工学，オーム社，2013.
2) 原雅則，秋山秀典：高電圧パルスパワー工学，森北出版，1991.
3) 八井浄，江偉華：パルス電磁エネルギー工学（電気学会大学講座），オーム社，2002.
4) 小柴典居：パルストランスと応用回路，産報，1969.
5) 武部幹：回路の応答，コロナ社，1988.

11章　高電圧パルスパワーを見るには

　パルスパワーを役に立つところに応用していくためには，パルスパワー発生装置がどれだけの性能をもっているのか，負荷にどれだけエネルギーが供給されたか，どれだけ効果があったかを評価できなくてはいけない。そのためにはパルスパワーをいかに測定するか，が問題になる。本章では，どのようにすればパルスパワーを測定できるのか，その原理と具体的方法について学習する。また，正確な測定のためにはノイズ対策が必要である。どのようなノイズがあるのか，どのようにすればノイズの影響を低減できるかについても学習する。

11.1　標準球ギャップを使った電圧測定

11.1.1　標準球ギャップ

　標準球ギャップ（standard sphere-gap）は，同一直径の球電極のギャップ間での絶縁破壊電圧を使って電圧の波高値を測定する方法である。図11-1はその測定方法の概略を示している。球ギャップ間で絶縁破壊させ，そのときの球電極の直径 ϕ，ギャップ長 d から電圧の波高値を求める。電圧の極性，電圧波形（雷インパルス，開閉インパルス，交流など）によって，絶縁破壊電圧の波高値がギャップ長と球電極の直径に対して表としてまとめられている（本書の付録を参照）。破壊電圧表や球ギャップの設置方法などの詳細については JIS 規格を参照してほしい。

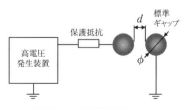

図 11-1　標準球ギャップ

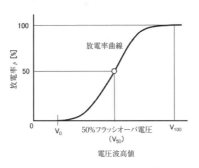

図11-2　50%フラッツオーバ電圧の意味

11.1.2　50%フラッシオーバ電圧

絶縁破壊においては初期電子の存在が必要であるが，その初期電子がどれだけ生成し，それが放電路を形成するかどうかは確率の問題である（3.2.5を参照）．したがって，絶縁破壊現象は確率的な現象であるといえる．したがって，11.1.1で述べた標準球ギャップによる絶縁破壊電圧は，インパルス波形の場合は絶縁破壊が50%の確率で発生する波高値として定義されている．この電圧を **50%フラッシオーバ電圧**（50% flashover voltage）という．50%フラッシオーバ電圧の具体的な意味を図11-2に示している．縦軸は放電率 p であり，横軸は絶縁破壊したときの電圧波高値である．電圧印加回数を N，絶縁破壊回数 n とすれば $p = (n/N) \times 100$ である．放電率は正規累積分布曲線にしたがうと仮定する．

11.1.3　昇降法

50%フラッシオーバ電圧を測定するための代表的な方法として **昇降法**（up and down method）がある．この方法について以下に述べる．まず V_{50} をおおよそ推定する．推定方法は，複数回の印加実験によって V_0 と V_{100} をおおまかに求め，$V'_{50} = (V_0 + V_{100})/2$ を V_{50} の推定値とする．1回目の印加電圧を $V^1 = V'_{50}$ とし，このとき電極間で絶縁破壊しなければ，2回目の印加電圧を $V^2 = V'_{50} + V_d$ とする．このとき絶縁破壊すれば，3回目の印加電圧を $V^3 = V^1 - V_d$ と

する。電圧変化値 V_d は $V_d = (V_{100} - V_0)/5$ より求める。このような印加実験を 40 回程度行う。絶縁破壊した回数と絶縁破壊しなかった回数とを計数し、少ない方の回数を N とする。回数の少ない方の印加電圧を低い方から順に並べ、それぞれにおける印加回数を n_0, n_1, n_2, $n_3 \cdots n_k$ とし、次式から係数 A を計算する。

$$A = \sum_{i=0}^{k} i n_i \tag{11.1}$$

係数 A を用いて、50％フラッシオーバ電圧は次式で算出される。

$$V_{50} = V_L + V_d \left(\frac{A}{N} \pm \frac{1}{2} \right) \tag{11.2}$$

ここで、V_L は $i = 0$ に対応する最低電圧である。また、括弧内の複号は N として絶縁破壊しなかった回数を選んだ場合は（＋）、絶縁破壊した回数を選んだ場合は（−）とする。昇降法の詳細については JIS 規格に記されている。

11.2 電圧プローブによる電圧測定

11.2.1 静電電圧計

静電電圧計（electrostatic voltmeter）は、2つの対向した電極間に働く静電力を利用して電圧を測定するものである。電極の面積を A、電極間距離を ℓ、電極間の静電容量を C、誘電率を ε_0 とすると、電極間に働く力 F は、

$$F = \frac{dW}{d\ell} = \frac{\varepsilon_0 A}{2\ell^2} V^2 \, [\mathrm{N}] \tag{11.3}$$

力 F は印加電圧の 2 乗に比例する。可動電極が力 F で移動することによって F に応じた指針が得られ、電圧が測定できる。

静電電圧計は、周波数応答性は低く、パルス電圧の測定はできない。また、微弱な駆動力を検出するため機械的に弱いという欠点がある。しかし、電力損失がほとんどなく、絶縁性が高いという特長がある。

11.2.2 抵抗分圧器

抵抗分圧器（resistive divider）は，図 11-3 に示すように，R_1 と R_2 の 2 つの抵抗で高電圧 V を分圧して低圧化して測定するものである。測定電圧 V_m と電圧 V との関係は次式になる。

$$V_m = \frac{R_2}{R_1 + R_2} V \tag{11.4}$$

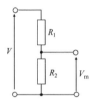

図 11-3　抵抗分圧器

例題 11.1　$R_1 = 100\ \mathrm{M}\Omega$，$R_2 = 100\ \mathrm{k}\Omega$ の抵抗分圧器がある。測定された電圧が，1.5 V であったとすると，被測定電圧 V はいくらになるか。

解）式（11.4）より，

$$V = \frac{R_1 + R_2}{R_2} V_m = \frac{100 + 0.1}{0.1} \times 1.5 = 1501.5\,\mathrm{V}$$

11.2.3 容量分圧器

図 11-4 の回路は**容量分圧器**（capacitive divider）と呼ばれる。これは，先述の抵抗分圧器の代わりにキャパシタによる分圧を利用したもので，抵抗分圧器よりも高い周波数成分をもつパルス電圧の測定に適している。容量分圧器の場合，浮遊容量などによる振動現象を抑制するために，抵抗器を接続することがある。キャパシタ電圧としてステップ電圧 v_0 が印加されたときの電圧 v は以下の式で算出できる。

$$v(t) = \frac{C_1}{C_1 + C_2} \frac{R_2}{R_1 + R_2} v_0(t) e^{-\frac{t}{\tau}} \tag{11.5}$$

ただし，$\tau = \dfrac{R_1 + R_2}{C_1 + C_2}$ ある。上式は電圧 v が時定数 τ で減衰することを示して

11.3 電流プローブによる電流測定

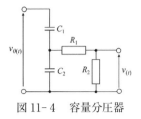

図 11-4　容量分圧器

いる．したがって，被測定電圧のパルス幅よりも τ が十分長くなるようにする必要がある．

11.3 電流プローブによる電流測定

11.3.1 変流器

大電流を測定するときに**変流器**（current transformer）がよく用いられる．図 11-5 は変流器の構造と原理を示している．基本的な構造は変圧器となっている．1 次と 2 次巻線の巻数比および抵抗 R を適切に選ぶことによって，被測定電流が大電流であっても適度な信号電圧に変換して測定することができる．また，直接被測定回路に測定を挿入する必要がない．1 次と 2 次の巻数比を $1:N$ とすると，I_1, I_2, V_2 の間に次式の関係が成り立つ．

$$V_2 = RI_2 = R\frac{I_1}{N} \tag{11.6}$$

N を大きくすることによって，より小さい I_2 に変換することができる．ただし，

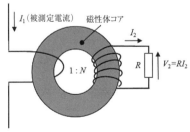

図 11-5　変流器の原理

図 11-6　変流器の例[5]

2次側巻線にはNに応じた高い誘導起電力が現れるため，2次側巻線を開放にしないように気をつける．高周波数に対応するために磁性体コアにフェライトなどが用いられている．図11-6は市販されている変流器の例である．

11.3.2 ロゴスキーコイル

ロゴスキーコイル（Rogowski coil）は，図11-7に示すように，コイルがトーラス状に巻かれた構造をもっている．変流器よりも広い周波数特性を持たせるために空芯にする．被測定電流 $I(t)$ が流れる導体をトーラスの中央に通しておく．$I(t)$ による磁束の時間変化によってコイルに誘導起電力が発生し，これを外部回路によって検出することによって電流を測定する．ロゴスキーコイルでは，コイルの巻線の一方をコイルの中心を通して戻している．このようにすることによって，$I(t)$ のみの磁束変化を検出することができる．

図11-8は，外部回路として積分回路を用いた場合の等価回路である．L はコイルのインダクタンス，r はコイルの導線の抵抗，信号源の $d\varphi/dt$ は，被測定電流 $I(t)$ によるコイルの磁束鎖交数の時間微分である．端子ab間には R，C による積分回路が接続されている．信号源 $d\varphi/dt$ によって電流 $i(t)$ が流れたとすると，以下の回路方程式が成り立つ．

$$\frac{d\varphi}{dt} = L\frac{di}{dt} + (r+R)i + \frac{1}{C}\int_0^t i\,dt \tag{11.7}$$

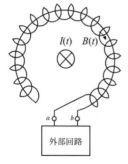

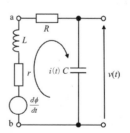

図11-7　ロゴスキーコイル　　図11-8　ロゴスキーコイルの等価回路

ここで，$\frac{1}{RC} \ll \omega \ll \frac{R}{L}$ が成り立つとすると，次式が成り立つ．

$$i \cong \frac{1}{R}\frac{d\varphi}{dt} \tag{11.8}$$

したがって，キャパシタ C の両端の電圧は次式のようになる．

$$v(t) = \frac{1}{C}\int_0^t i\,dt \cong \frac{\varphi}{RC} \tag{11.9}$$

磁束鎖交数 φ は被測定電流 $I(t)$ に比例すると仮定すれば，$v(t)$ から $I(t)$ を測定することができる．

11.3.3 ピックアップコイル

前節のロゴスキーコイルにおいては $1/RC \ll \omega \ll R/L$ の条件が必要であった．このとき L が測定電流の周波数の上限を決めている．ns 程度の早い立ち上がりをもつ電流を測定するときは，数回程巻いたコイルを用いる．これを**ピックアップコイル**（pickup coil）と呼ぶ．基本原理は前節と同様であり，式 (11.9) の出力電圧が得られる．

11.3.4 分流器

分流器（current shunt）は，回路中に低抵抗を挿入し，その両端の電圧降下と抵抗値を使って電流を求める．この低抵抗は，被測定電流が流れる回路に影響を与えないほど，小さくしておく必要がある．分流器の等価回路を図 11-9 に示す．抵抗 r は 0.1 Ω 以下にすることが多い．L は挿入した抵抗器がもつインダクタンスである．したがって分流器による $v(t)$ は実際には次式となる．

$$v(t) = Ri + L\frac{di}{dt} \tag{11.10}$$

正確な測定のためにはできるだけ L を減らす工夫が必要である．その方法として，抵抗器に無誘導抵抗器を使う方法や，形状を同軸形状にする方法がある．

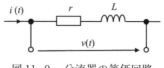

図 11-9　分流器の等価回路

11.4　パルスパワー計測におけるノイズ対策

　一般に，ノイズは，電線を直接伝わる「伝導ノイズ」と空間を伝搬する「放射ノイズ」がある．ノイズはさまざまな発生形態があり，放射ノイズが電源線にのって伝導ノイズとなる場合もあるため，その具体的な対策方法は，実験条件や装置構成などに依存するが，ここではノイズに関する一般的な考え方やその対策法について述べる．

　パルスパワー電源で使われるスイッチング素子はON，OFFの過程でサージ電圧を発生する．特にギャップスイッチは高速にONするため瞬間的に強力な電磁波を発生する．大電流を発生する場合は大きなdi/dtを伴うため，近接した回路に誘導起電力が誘起されることがある．このようなものは，計測を邪魔する**ノイズ**（noise）として観測されることになる．信頼性が高い計測を行うためにはノイズ対策を行うことは必須である．

　ノイズ対策で重要な要素は，**遮へい**（shielding），**絶縁**（insulation），**ろ波**（filtering）の3点である．

（1）遮へいによる対策

　　　ノイズ源を遮へい板で囲ってノイズの放射を抑制したり，計測器を遮へい室内に設置してノイズが入るのを防ぐ．

（2）絶縁による対策

　　　計測システムを設置した遮へい室を，絶縁物を使って電気的に浮かせる．こうすることによって，アース線間で誘導電流が発生するのをなくすことができる．また，電源系統と計測システムとの間にトランスを挿入して，電気的に分離する．

11.4 パルスパワー計測におけるノイズ対策　　235

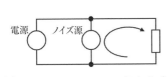
図11-10　ノーマルモードノイズ

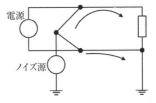
図11-11　コモンモードノイズ

（3）ろ波による対策

ろ波器を用いて電源系統から計測器に高周波ノイズが入るのを防ぐ。

11.4.1　ノーマルモードノイズとコモンモードノイズ

電源ラインなどにのってくるノイズには，**ノーマルモードノイズ**（normal mode noise）と**コモンモードノイズ**（common mode noise）がある。図11-10・11に示すように，ノーマルモードノイズは系統線間にノイズ源が作用して発生するもので，コモンモードノイズはアースと各系統線との間に作用して発生するものである。

11.4.2　トランス，アース，シールド

コモンモードノイズの対策として，トランスの一次巻線の中央点（センタータップ）をアースに接続する方法がある（図11-12）。図中のように電源側と負荷側を絶縁することを目的に使うトランスを**絶縁トランス**（insulation transformer）と呼ぶ。このようにすれば，ノイズによる電流はセンタータッ

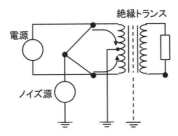
図11-12　絶縁トランスによるコモンモードノイズの除去

プを中心にして打ち消しあうため，ノイズは負荷へ伝送されない。トランスは一般に巻線間に浮遊容量があり，高周波数になるとその容量による結合のために，高周波ノイズが一次側から二次側へ通過してしまう。この浮遊容量による結合を防ぐには一次と二次の巻線間に遮へい板を入れればよい。このようなトランスをシールドトランスと呼ぶ。また，磁性体材料や巻線の巻き方を工夫することにより，ノーマルモードとコモンモードともに低減できる**ノイズカットトランス**（noise-cut transformer）もある。

ノイズ低減の観点からすれば，アースの接続はひとつの機器で1点のみで接続するのが望ましい。図11-13(a)のようにするのが望ましいが，同図(b)のようにすると，アース接続点の間でループ電流が流れ，それがノイズの原因になる可能性がある。

図11-14にノイズ対策の例を示している。測定装置は遮へい室に収められており，その遮へい室は絶縁用がいしによって，アースから絶縁されている。測定装置の電源は商用周波から供給されるが，ノイズ対策として，絶縁トランスあるいはノイズカットトランス，ろ波器が使われる。測定装置の信号の伝送には同軸ケーブルを用いる。実験装置は1点のみでアースに接続されている。

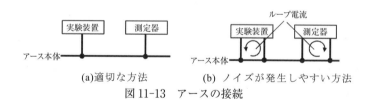

図 11-13　アースの接続

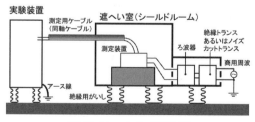

図 11-14　ノイズ対策例

演習問題

(1) 静電電圧計の原理において,電極間に働く力 F の式(式(11.3))を導出しなさい。

(2) $R_1 = 100\,\mathrm{M}\,\Omega$,$R_2 = 100\,\mathrm{k}\,\Omega$ の抵抗分圧器がある。測定された電圧が,1.5 V であったとすると,被測定電圧 V はいくらになるか。

(3) ロゴスキーコイルの外部回路として抵抗 R を用いるとする(等価回路を下図に示す)。ここで,$(R+r)/L \ll \omega$ の関係があるとき,出力電圧 $v(t)$ は被測定電流と近似的に比例関係になることを示しなさい。

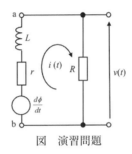

図 演習問題

(4) 分流器を用いた電流測定において,インダクタンスの影響を低減する方法として同軸形状にする方法がある。同軸ケーブルで測定信号を検出するものとして,同軸形状の分流器の構造を考えてみなさい。

(5) 下図の図(a),図(b)について,V_{11},V_{12},V_{21},V_{22} はどのような電圧になるだろうか。両図について比較してみなさい。
(ヒント)ノーマルモードノイズとコモンモードノイズを表していることになる。

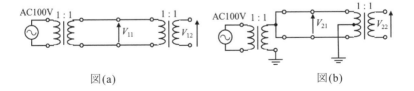

図(a)　　　　　　　　　図(b)

〔実習：Let's active learning!〕

実際の抵抗器とコンデンサの部品を使って抵抗分圧器と容量分圧器を製作し，ファンクションジェネレーター（FG）の出力電圧をオシロスコープで測定してみよう。分圧比に応じて測定電圧が変化することを確かめてみなさい。FGの周波数設定を変えたときに測定波形がどのように変化するかを調べるのも面白いだろう。抵抗器とコンデンサを選別する場合は，FGの出力電圧，出力インピーダンスを考慮すること。また，FGの設定周波数よりも十分広い周波数帯域のオシロスコープを使用すること。

演習解答

(1) 電極間に蓄積されるエネルギーは，

$$W = \frac{1}{2}CV^2 = \frac{\varepsilon_0 A}{2\ell}V^2 \text{ [J]}$$

上式より電極間に働く力 F は，

$$F = \frac{dW}{d\ell} = \frac{\varepsilon_0 A}{2\ell^2}V^2 \text{[N]}$$

(2) 式（11.4）より，

$$V = \frac{R_1 + R_2}{R_2}V_\mathrm{m} = \frac{100 + 0.1}{0.1} \times 1.5 = 1501.5 \text{V}$$

(3) 等価回路から以下の回路方程式が得られる。

$$\frac{d\varphi}{dt} = L\frac{di}{dt} + (r + R)i$$

$(R+r)/L \ll \omega$ の関係を考慮すると，

$$\frac{d\varphi}{dt} \cong L\frac{di}{dt} \quad \text{となり，} \quad i = \frac{\varphi}{L}$$

したがって，$v = Ri = R\frac{\varphi}{L}$ となり，v と被測定電流は比例関係になる。

(4) たとえば下図のような構造が考えられる。被測定電流は円筒同軸形状の導体を流れ，同様に円筒同軸形状をもつ測定用抵抗の電圧降下を同軸コネクタで

11.4 パルスパワー計測におけるノイズ対策

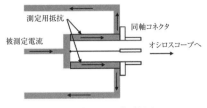

図 演習問題解答図

検出する。

(5) 図(a)の V_{11} は正弦波交流電圧となっており，実効値は 100 V である。したがって V_{12} も実効値 100 V の正弦波交流である。図(b)の V_{21} はゼロであるが，アースに対しては両方のラインは実効値 100 V の正弦波交流となっている。したがって V_{22} はゼロである。図(a)の V_{11} はノーマルモードノイズを模擬しており，図(b)はコモンモードノイズを模擬している。

引用・参考文献

1) 秋山秀典編著：高電圧パルスパワー工学，オーム社，2013.
2) 原雅則，秋山秀典：高電圧パルスパワー工学，森北出版，1991.
3) 伊藤健一：ノイズと電源のはなし，日刊工業新聞社，1996.
4) 日本工業規格，JIS C 1001:2010（標準気中ギャップによる電圧測定方法）.
5) ㈱ユー・アール・ディー

http://www.u-rd.com/products/category_011.html

付録　標準球ギャップの50％放電電圧（大気状態：温度20℃，気圧1013hPa）　単位 kV

ギャップ長 (S) cm	球の直径 (D) cm									
	2		5		6.25		10		12.5		15
	+	−	+	−	+	−	+	−	+	−
0.05		2.8								
0.10		4.7								
0.15		6.4								
0.20		8.0		8.0						
0.25		9.6		9.6						
0.30	11.2	11.2	11.2	11.2						
0.40	14.4	14.4	14.3	14.3	14.2	14.2				
0.50	17.4	17.4	17.4	17.4	17.2	17.2	16.8	16.8	16.8	16.8
0.60	20.4	20.4	20.4	20.4	20.2	20.2	19.9	19.9	19.9	19.9
0.70	23.2	23.2	23.4	23.4	23.2	23.2	23.0	23.0	23.0	23.0
0.80	25.8	25.8	26.3	26.3	26.2	26.2	26.0	26.0	26.0	26.0
0.90	28.3	28.3	29.2	29.2	29.1	29.1	28.9	28.9	28.9	28.9
1.0	30.7	30.7	32.0	32.0	31.9	31.9	31.7	31.7	31.7	31.7
1.2	(35.1)	(35.1)	37.8	37.6	37.6	37.5	37.4	37.4	37.4	37.4
1.4	(38.5)	(38.5)	43.3	42.9	43.2	42.9	42.9	42.9	42.9	42.9
1.5	(40.0)	(40.0)	46.2	45.5	45.9	45.5	45.5	45.5	45.5	45.5
1.6			49.0	48.1	48.6	48.1	48.1	48.1	48.1	48.1
1.8			54.5	53.0	54.0	53.5	53.5	53.5	53.5	53.5
2.0			59.5	57.5	59.0	58.5	59.0	59.0	59.0	59.0
2.2			64.0	61.5	64.0	63.0	64.5	64.5	64.5	64.5
2.4			69.0	65.5	69.0	67.5	70.0	69.5	70.0	70.0
2.6			(73.0)	(69.0)	73.5	72.0	75.5	74.5	75.5	75.0	75.5	75.5
2.8			(77.0)	(72.5)	78.0	76.0	80.5	79.5	80.5	80.0	80.5	80.5
3.0			(81.0)	(75.5)	82.0	79.5	85.5	84.0	85.5	85.0	85.5	85.5
3.5			(90.0)	(82.5)	(91.5)	(87.5)	97.5	95.0	93.0	97.0	98.5	98.0
4.0			(97.5)	(88.5)	(101)	(95.0)	109	105	110	108	111	110
4.5					(108)	(101)	120	115	122	119	124	122
5.0					(115)	(107)	130	123	134	129	136	133
5.5							(139)	(131)	145	138	147	143
6.0							(148)	(138)	155	146	158	152
6.5							(156)	(144)	(164)	(154)	168	161
7.0							(163)	(150)	(173)	(161)	178	169
7.5							(170)	(155)	(181)	(168)	187	177
8.0									(189)	(174)	(196)	(185)
9.0									(203)	(185)	(212)	(198)
10									(215)	(195)	(226)	(209)
11											(238)	(219)
12											(249)	(229)

−：商用周波交流電圧，負極性の全波標準雷インパルス電圧，負極性の標準開閉インパルス電圧，および正極性又は負極性の直流電圧
＋：正極性の全波標準雷インパルス電圧および正極性の標準開閉インパルス電圧

11.4 パルスパワー計測におけるノイズ対策

付録

単位 kV

ギャップ長 (S)cm	球の直径 (D) cm					
	25		50		75	
	+	-	+	-	+	-
1.0	31.7	31.7				
1.2	37.4	37.4				
1.4	42.9	42.9				
1.5	45.5	45.5				
1.6	48.1	48.1				
1.8	53.5	53.5				
2.0	59.0	59.0	59.0	59.0	59.0	59.0
2.2	64.5	64.5	64.5	64.5	64.5	64.5
2.4	70.0	70.0	70.0	70.0	70.0	70.0
2.6	75.5	75.5	75.5	75.5	75.5	75.5
2.8	81.0	81.0	81.0	81.0	81.0	81.0
3.0	86.0	86.0	86.0	86.0	86.0	86.0
3.5	99.0	99.0	99.0	99.0	99.0	99.0
4.0	112	112	112	112	112	112
4.5	125	125	125	125	125	125
5.0	138	137	138	138	138	138
5.5	151	149	151	151	151	151
6.0	163	161	164	164	164	164
6.5	175	173	177	177	177	177
7.0	187	184	189	189	190	190
7.5	199	195	202	202	203	203
8.0	211	206	214	214	215	215
9.0	233	226	239	239	240	240
10	254	244	263	263	265	265
11	273	261	287	286	290	290
12	291	275	311	309	315	315
13	(308)	(289)	334	331	339	339
14	(323)	(302)	357	353	363	363
15	(337)	(314)	380	373	387	387
16	(350)	(326)	402	392	411	410
17	(362)	(337)	422	411	435	432
18	(374)	(347)	442	429	458	453
19	(385)	(357)	461	445	482	473
20	(395)	(366)	480	460	505	492
22			510	489	545	530
24			540	515	585	565
26			(570)	(540)	620	600
28			(595)	(565)	660	635
30			(620)	(585)	695	665
32			(640)	(605)	725	695
34			(660)	(625)	755	725
36			(680)	(640)	785	750
38			(700)	(655)	(810)	(775)
40			(715)	(670)	(835)	(800)
45					(890)	(850)
50					(940)	(895)
55					(985)	(935)
60					(1020)	(970)

付録 単位 kV

ギャップ長 (S) cm	球の直径 (D) cm					
	100		150		200	
	+	−	+	−	+	−
3.0	86.0	86.0				
3.5	99.0	99.0				
4.0	112	112				
4.5	125	125				
5.0	138	138	138	138		
5.5	151	151	151	151		
6.0	164	164	164	164		
6.5	177	177	177	177		
7.0	190	190	190	190		
7.5	203	203	203	203		
8.0	215	215	215	215		
9.0	241	241	241	241		
10	266	266	266	266	266	266
11	292	292	292	292	292	292
12	318	318	318	318	318	318
13	342	342	342	342	342	342
14	366	366	366	366	366	366
15	390	390	390	390	390	390
16	414	414	414	414	414	414
17	438	438	438	438	438	438
18	462	462	462	462	462	462
19	486	486	486	486	486	486
20	510	510	510	510	510	510
22	555	555	560	560	560	560
24	600	595	610	610	610	610
26	645	635	655	655	660	660
28	685	675	700	700	705	705
30	725	710	745	745	750	750
32	760	745	790	790	795	795
34	795	780	835	835	840	840
36	830	815	880	875	885	885
38	865	845	925	915	935	930
40	900	875	965	955	980	975
45	980	945	1060	1050	1090	1080
50	1040	1010	1150	1130	1190	1180
55	(1100)	(1060)	1240	1210	1290	1260
60	(1150)	(1110)	1310	1280	1380	1340
65	(1200)	(1160)	1380	1340	1470	1410
70	(1240)	(1200)	1430	1390	1550	1480
75	(1280)	(1230)	1480	1440	1620	1540
80			(1530)	(1490)	1690	1600
85			(1580)	(1540)	1760	1660
90			(1630)	(1580)	1820	1720
100			(1720)	(1660)	1930	1840
110			(1790)	(1730)	(2030)	(1940)
120			(1860)	(1800)	(2120)	(2020)
130					(2200)	(2100)
140					(2280)	(2180)
150					(2350)	(2250)

12章　パルス高電界の応用

　パルス高電界 (pulsed high electric field) によって作りだされた非常に高いエネルギー状態を利用すれば，他の方法では通常困難な物理・化学現象を誘起させることができる。従来は核融合や粒子加速器等の大規模な物理研究での利用が主流で初心者には近寄りがたい電源だったが，本書でも述べられているように電源技術の発展によって自作・小型化が可能になり，昔に比べると扱いやすくなってきた。近年では，われわれの医・食・住環境の向上に寄与する技術にまでその範囲を広げようとしている。本章では，図12-1に示すように流体ポンプ，環境，医療，農業・食品と多岐にわたるパルス高電界の技術について紹介する。将来，ここで紹介する未来の技術が当たり前のように実用化されていることを期待する。また，読者の発想によるパルス高電界の新しい応用を考えながら読んで欲しい。

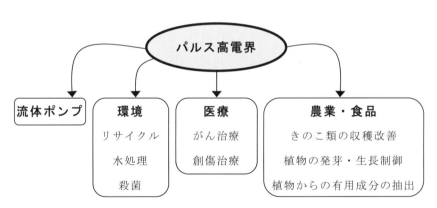

図12-1　12章の構成

12.1 流体ポンプ

　液体や気体などの流体に外力を与え，発生した圧力によってシリンダやその他を駆動する油空圧技術がある。この技術の歴史は古く，さまざまなアクチュエータに広く応用されており基礎技術は確立されている。しかしながら，流体に外力を加えるためのポンプやコンプレッサなどの周辺機器が必要であるため，装置全体の大型化，振動・騒音発生が問題となっている。そこで，これらの問題を解決するために，高電界による**電気流体力学現象**（electro hydro dynamics；EHD 現象）を利用した新しい流体駆動型アクチュエータの研究開発が進められている。

　EHD 現象とは，絶縁性の流体に数 kV の高電圧を印加すると，電極間の流体に流れが生じる現象である。図 12-2 のように，シリコーンオイルなどの絶縁性の液体中に線電極と平板電極を設置する。これに数 kV の高電圧を印加すると液体が線電極に沿って上昇する（スモト効果）。このような EHD 現象は，電圧の極性・大きさ，流体の種類，電極構造・配置などを工夫することによって，流れ方向の制御や強いジェット流の発生が可能になる。数 kV の高電圧が必要ではあるが，絶縁性流体中に流れる電流は数 10～100 mA 程度であり消費電力はきわめて低い。

　近年，マイクロマシン，医療や福祉ロボットに搭載可能なアクチュエータへの発展が期待されている。その例を図 12-3 に示す。(a) はヒトの腕の 3 分の 1 程度の大きさの EHD ポンプで駆動するロボットアームである。小型 EHD

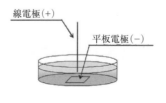

図 12-2　EHD 現象によって絶縁性液体が上昇する様子[1]

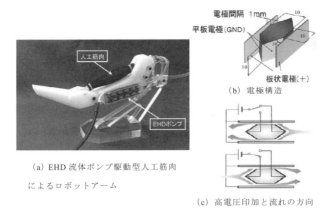

図 12-3　EHD 現象を利用した流体ポンプの研究例[1]

ポンプによって人工筋肉を収縮させ関節を駆動させるものである。ここで使われている EHD ポンプは (b) に示す電極構造のものが複数直列に接続されており，(c) のように電圧の印加によって流れの方向を変えることができる。(b) を 12 個直列にしたもので，17 kV 印加時において毎分約 2 リットルのポンプ性能を得ることができる。

12.2　環境分野への応用

　持続可能な社会を実現させるための課題は「地球に存在する資源の有効活用」と「人間活動から排出される有害物質の浄化」に大きく分けることができる。このような課題の解決に対してもパルス高電界が応用できると期待されている。ここではリサイクル，水処理，殺菌に焦点を当てて，パルス高電界の可能性について解説する。特にここに記載する水処理は，水をきれいにすることに加えて，プラズマ－液体間相互作用という観点で後述の殺菌，医療，農業にも関連があることを念頭に置いて読んでほしい。

12.2.1 リサイクル

 一般的な交直流高電圧では放電を発生させることができない条件下においても，パルス高電圧を利用すれば放電を発生させることができる。ここでは，このような放電から発生する高エネルギー密度現象を利用した**リサイクル**（recycle）について述べる。

(a) コンクリート塊の高度再生

 建設工事に伴い排出されるコンクリート塊のリサイクル率は，「建設リサイクル推進計画 2014」によると全国平均で 99.3％と高い水準にある。しかしながら，老朽化が進む数多くのコンクリート構造物の更新時代の到来によって，今まで以上の莫大な量のコンクリート廃材が発生することが予想される。環境保全の観点から良質な骨材の入手が困難になりつつある現状を考慮すると，廃コンクリート塊から骨材のみを分離して再利用する高度なリサイクル方法の確立が必要である。機械的に破砕する方式では骨材を傷めてしまう。このようななか，パルス高電界を用いたコンクリート用骨材再生技術では良質な骨材が再利用できると注目されている。機械的破砕方式に比べて装置を小型・軽量化することができる。

 パルス高電界方式では，コンクリートと骨材の界面にある微小な空隙や，絶縁破壊電圧の小さなセメントペーストの部分を選択に放電が進展することを利用する。この放電路に形成されるプラズマの体積膨張ととともに発生する**衝撃波**（shock wave）が，セメントペーストと骨材との界面で反射すると引張応力を発生し両者が剥離する。衝撃波の透過率は骨材とモルタル部の**音響インピーダンス**（acoustic impedance）の差によって決まる。音響インピーダンスは次式により求めることができる。

$$Z = \rho V_p \tag{12.1}$$

ここで，Z, ρ, V_p はそれぞれ音響インピーダンス（Ns/m³），密度（kg/m³），縦波速度（m/s）である。衝撃波の骨材への透過率は次式となる。

$$衝撃波の透過率 = \frac{Z_m}{Z_a} \tag{12.2}$$

ここで,Z_a, Z_m はそれぞれ骨材,モルタルの音響インピーダンスである。衝撃波の透過率が小さくなると引張応力は増加し,骨材とモルタルの剥離の進行は早くなる。このようにして分離された骨材は損傷が少なく再利用可能である。

電極は図12-4のように,水中に設置された高電圧棒電極と半球メッシュ状の接地電極から構成される。このメッシュ状接地電極に適当な大きさに砕いたコンクリート塊をいれ,波高値400kVの正極性のパルス電圧を加えると,コンクリート内部に放電が生じて徐々に細かく砕けていく。

図12-4 リサイクルするコンクリート塊を入れる電極部[2]

図12-5にパルス電圧印加前,30回,60回のパルス電圧印加による破砕の様子を示す。電極間への注入エネルギーは約0.9 kJ/shotである。放電回数の増加とともに破砕が進んでいる様子がわかる。100回程度の放電処理によって,図12-6のようにメッシュ状電極内にモルタル付着の非常に少ない再生骨材が得られる。

Original　　　30 shots　　　　　60 shots

図12-5 パルス高電界方式によるコンクリート塊破砕の様子[2]

(b) 廃家電製品からの材料回収

廃家電製品に含まれる多くの有用な資源の再利用を促進し,循環型社会を実

On discharge electrode　　　　　　1 piece

図12-6　パルス高電界方式により得られた再生骨材[2)]

現していくために，2001年に「家電リサイクル法」が施行された．その結果，年間約60万トンもあった廃家電製品の再商品化等処理重量は2014年度には約48万トンとなり，対象機器廃棄物の再商品化率は約84%まで向上した．しかしながら，多種類の材料がはんだ付けされた廃電子回路基板の貴金属，レアメタルなどについては，従来の機械的破砕・選別処理ではリサイクル率が低いのが現状である．また，使用済小型電子機器等に含まれている有用な材料の大部分がリサイクルされずに廃棄されていることへの対応として，2013年には「小型家電リサイクル法」がさらに施行された．このように，廃電子回路基板に含まれる材料のリサイクル率を高めるためには，分別能力の高い新しい技術が研究されている．そのひとつにパルスパワーを用いる方法がある．

　水中に配置した棒電極とメッシュ電極間にパルス高電圧を印加すると，図12-7に示すように電極間の水中に放電が発生する．この放電によって生じた水中衝撃波によって，電極間に置いた対象物を破砕・分離する．上述のように音響インピーダンスの異なる材料が密着しているような廃回路基板の場合，材料界面で応力が発生し材料ごとに分離される．図12-8はパルス高電圧（240 kV，約1 kJ/shot）を500回印加した後の廃回路基板の破砕状況を示す．ICチップ，トランジスタ，抵抗，コンデンサ等の各回路素子に細かく破砕することが可能である．貴金属のみ狙って回収する場合は，パルスアーク放電を用いてターゲット部分を基板等から溶融，剥離させる方法もある．

図 12-7　パルス高電圧による水中放電[3]　　図 12-8　パルスパワーによって破砕・分離された廃回路基板[3]

12.2.2　水処理

容易に安全な水が手に入る日本では感じないかもしれないが，安全な飲料水不足，工業排水・下水浄化による水の再利用は世界的な重要課題となっている。2007 年 12 月に大分別府で第一回アジア・太平洋水サミットが開催されたことからも，水に対する世界的関心度は高いことがわかる。持続可能な水循環社会の実現のためには，ジオキサン，ダイオキシン類，農薬・医薬品，病原菌など，従来の塩素やオゾンでは処理できない難分解性化学物質等の処理が可能な高度水処理技術の開発が必要となっている。この技術としてパルス高電界等で発生させた放電プラズマに期待が寄せられている。表 12-1 に代表的な酸化剤の**酸化電位**（oxidation potential）を示す。放電プラズマにより塩素やオゾンより酸化力の高い OH ラジカルを発生させることができるからである。これを水処理に利用することが今までにない高度水処理技術において魅力的である。フッ素は毒性が強いため水処理には使えない。

　大気中における OH ラジカルの寿命は 1 ms 以下と短いため，いかに生成から利用を短時間で実現するかがポイントとなっている。プラズマによる水処理の代表的な方式とそれぞれの放電の様子を図 12-9 に示す。液中で放電プラズマを発生させるより，気相中で発生させた放電プラズマを液面に作用させた方が高効率であることが示されている。気液界面の増加と大量処理を目的に，液中に供給した気泡内で放電プラズマを発生させるなどの工夫が古くから研究さ

表12-1　各種酸化剤の酸化電位

酸化剤		酸化電位[V]
フッ素	F_2	3.03
ヒドロキシラジカル	OH	2.80
酸素原子	O	2.42
オゾン	O_3	2.07
過酸化水素	H_2O_2	1.78
ヒドロペルオキシラジカル	HO_2	1.70
塩素	Cl_2	1.36

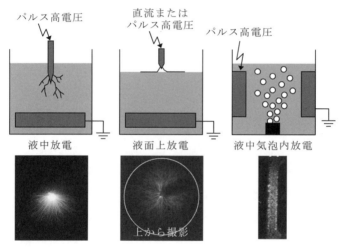

図12-9　プラズマによる代表的な水処理の方式と放電の様子

れている。最近では，処理対象の液体を傾斜面に薄く流しながら，直接放電プラズマを作用させるなど，高効率・大量処理の実現に向けた検討が進められている。

　放電プラズマによって液中にはO, O_3, H_2O_2, HO_2も供給される。これが複合的に水処理には効果がある。特にO_3とH_2O_2は液中でも比較的長寿命なので，これらをプラズマによって液中で発生・反応させてOHラジカルを生成するO_3/H_2O_2促進酸化処理も検討されている。このようにプラズマを液体に作用させた場合の化学反応は非常に複雑で，そのメカニズム解明が進められている。

これは後述の殺菌，医療，農業へのプラズマ応用においても重要である。

12.2.3 殺菌

図 12-10 にさまざまな**殺菌**（sterilization）法の殺菌時間と殺菌温度のマッピングを示す。米国食品医薬局の認可済みのものには下線を付けた。大きく分けて加熱式とガス式がある。加熱式は，殺菌時間は比較的短くコストも低いが高温・高圧が必要となるため処理対象物が限定される。ガス式は，殺菌温度は比較的低いが殺菌時間は長いことと有毒ガスが残留するなどの問題がある。このようななか，新しい殺菌手法としてパルス高電界等の利用に期待が寄せられている。ここでは放電プラズマによる殺菌と電界による殺菌（プラズマは発生しない）の2つに分けて解説する。

放電プラズマによる殺菌は，放電プラズマから生成されるさまざまな**活性種**（active species）が生体を構成するタンパク質，脂質，炭水化物，核酸などに生化学的な作用を与えることによって菌を死に至らせる。大気圧，低圧，液体中などさまざまな環境において適応が可能である。特に液体中の殺菌においては，気相中または気液界面で生成した活性種が液表面に供給され，複雑な化学

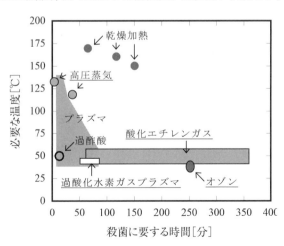

図 12-10　各種殺菌法の殺菌時間と殺菌温度

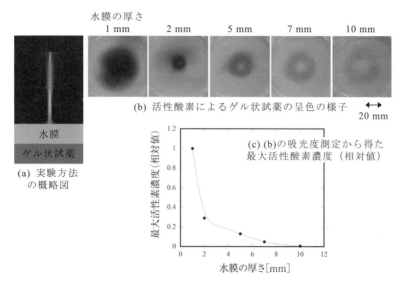

図 12-11　水へのプラズマジェットの照射による活性酸素の到達深さ

反応を起こしながら液内へと浸透しながら菌に作用する。ここでも水処理と同様に酸化力の高い OH ラジカルを利用したいが，寿命が短く μm オーダーしか拡散しない。図 12-11(a) のようにプラズマジェット（図 4-14 参照）を厚さ数 mm 程度の水膜に照射し，ゲル状試薬まで活性酸素がどのように到達するか調べた結果を (b)，(c) に示す。このゲル状試薬は長寿命の活性酸素を検出することができる。長寿命の活性酸素でも数 mm オーダーまでしか拡散または輸送されない。積極的な液の撹拌が活性種の液への溶け込みを促進することが確認されている。また，液中殺菌では pH を 4.7 以下にした場合に多く生成される HO_2 の存在が重要である。表 12-1 に示すように HO_2 の酸化力は高くはないが，電気的に中性なため微生物の細胞膜を通過し，細胞膜や細胞内部の脂質やたんぱく質にダメージを与え死滅させる。また，放電プラズマ照射によって殺菌能を付与した液体を殺菌剤として利用する方法などもある。

一方，放電プラズマを発生させないパルス高電界による殺菌もある。これは**細胞膜**（cell membrane）の不可逆的な破壊により細胞内容物を漏出させるこ

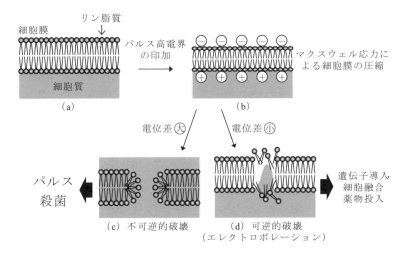

図 12-12　パルス高電界による細胞膜の可逆的，不可逆的破壊の様子

とで微生物を殺菌する温度上昇の少ない非加熱な手法である。非加熱であるので風味の損失，栄養素の分解等を避けることができるため，食品の直接殺菌への応用も検討されている。また有毒成分の残留もない。しかしながら，パルス高電界による殺菌効果は菌の大きさや膜の構造により異なると言われており，実用化するためにはさまざまな菌に対する知見の集積が必要である。大腸菌，黄色ブドウ球菌，酵母などをターゲットにした研究は多く行われている。

　細胞膜は図 12-12(a)に示すように**リン脂質**（phospholipid）からなる二重構造である。パルス高電圧を細胞に印加すると，(b)のように細胞膜内外に生じた電位差による**マクスウェル応力**（Maxwell stress）によって細胞は圧縮される。その結果として細胞に孔があく。電位差が大きく孔が大きい場合，(c)のように**細胞質**（cytoplasm）が細胞膜外に流出するような不可逆的破壊が起こり細胞は死に至る。これがパルス高電界による殺菌である。一方，電位差が小さい時は(d)のように細胞が自己修復可能な小さい孔があく。このような可逆的破壊では細胞は死に至らない。このように細胞膜に修復可能な細孔を意図的に生成する操作を**エレクトロポレーション**（electroporation）といい，**遺伝子**

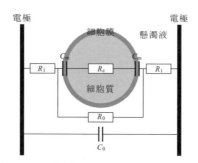

図 12-13　細胞の簡易的な電気等価回路

導入（gene transfer），**細胞融合**（cell fusion），**薬物投入**（drag delivery）などに利用される。細胞膜内外の電位差が1Vを超えると不可逆的破壊が起こり始める。このとき，2×10^6 V/cm の非常に大きな電界強度が膜内に発生する。

　平行平板電極間にある懸濁液中に，絶縁体の細胞膜と導電性流体の細胞質からなる細胞が置かれていると考えた場合の簡易的な電気等価回路は図 12-13 のようになる。細胞の周りを満たす懸濁液の静電容量を C_0，抵抗を R_0，R_1 とする。細胞膜の静電容量を C_m，細胞質の抵抗を R_c としている。電極間にステップ電界 E を印加した場合の，細胞膜電位 V_M は懸濁液を介した充電によって次式のように変動する。

$$V_M(t) = 1.5 E a \left\{ 1 - \exp\left(-\frac{t}{\tau_c}\right) \right\} \tag{12.3}$$

ここで，a は細胞半径である。τ_c は膜充電の時定数で次式となる。

$$\tau_c = a C_m \left(\frac{\rho_0}{2} + \rho_c\right) \tag{12.4}$$

ここで，ρ_c，ρ_0 はそれぞれ細胞質，懸濁液の抵抗率である。実際には － 70 mV 程度の自然の膜電位が式（12.3）に重畳されるので，正極側の電位差が負極側より 140 mV 程度大きくなる。式（12.4）に典型的な値（$a = 10\,\mu$m，$C_m = 1\mu$F/cm^2，$\rho_c = \rho_0 = 100\,\Omega$ cm）を代入して計算すると τ_c は 100 ns 程度となる。印加電圧のパルス幅が 100 ns より大きい場合，細胞膜は十分充電される。一方，100 ns よりもはるかに小さい場合，膜への充電は少なく細胞内外に充

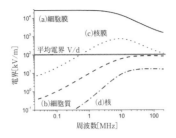

図12-14　パルス高電界下における細胞内電界強度の周波数依存性

電流が流れるだけとなる。

　また，周波数によっても細胞に与えるパルス高電界の効果は変化する。図12-14 はある典型的な条件下で計算された細胞膜，細胞質，核膜，核質における電界強度の周波数依存性である。1 MHz 以下では電圧のほとんどが高インピーダンスの細胞膜にかかり，細胞内部には電流は入り込めない。このとき，細胞膜での電界は 25 MV/m（平均電界の 250 倍）となり，上述のエレクトロポレーションが起こりうる強度である。1 MHz を超えると細胞膜への電界は徐々に減少し，10 MHz まで核膜，細胞質，核質にかかる電界が増加する。これは，細胞膜のインピーダンスが減少することによって，細胞内電流が増加するためである。このように，パルス高電界の周波数によっても細胞内の電界強度を制御することができる。

12.3　医療分野への応用

　放電プラズマやパルス高電界は 12.2.3 で述べた殺菌に有効だけでなく，生体内細胞を構成する部位に刺激（ストレス）を与え，ストレス応答などの二次的な生体反応を誘導する手法としても期待されている。ストレスを変化させ多様な生体応答を引き出すことが可能である。このように誘導される生体反応はがん治療や創傷治療などの医療にも応用できると期待されている。

12.3.1 がん治療

放電プラズマのがん治療への応用に関する歴史はまだ十数年程度である。細胞死にはアポトーシス（自死）とネクローシス（壊死）の二種類ある。がん細胞はアポトーシスによって除去されるべきであるが，そのスイッチが壊れた状態にあるため無限に増殖する。近年，さまざまな研究によって放電プラズマの照射ががん細胞のアポトーシスを引き起こすことが示されている。プラズマジェット（図4-13参照）が使われることが多い。最近ではこのような細胞死にはH_2O_2とNO_2^-の相乗効果が重要であると言われているが，その詳細なメカニズムは明確にはなっていない。放電プラズマによるがん治療には直接照射と間接照射の二種類が提案されている。直接照射では生体組織（大部分が液体を含むゲル）を介して活性酸素等の活性種をがん細胞に供給する。間接照射ではプラズマ処理した培養液をがん細胞に供給する。いずれも放電プラズマは最初に液状媒体（生体組織や培養液）に接触するため，液状媒体を介した放電プラズマの効果が重要となる。図12-15は生体組織を模擬したゲル膜（厚さ1 mm）をどのように活性酸素が通過するか調べた実験例である。(a)のように活性酸素を検出するゲル状試薬の上に模擬生体を置きプラズマジェットを照射する。模擬生体表面（通過前）には(b)のように活性酸素は分布するが，模擬生体通過後には(c)のような分布となる。このように生体通過前後で活性酸素

(a) 実験方法の概略図

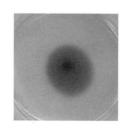
(b) 模擬生体表面への活性酸素の供給

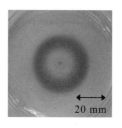
(c) 模擬生体通過後の活性酸素の二次元分布

図12-15 模擬生体を介した活性酸素の輸送

の分布は大きく異なるので,生体を介した活性種の輸送を制御する必要がある。厚さ1 mmの場合では活性酸素は通過するが,厚さが2 mmになるとほとんど通過しなくなる。放電プラズマのアポトーシスを誘導するメカニズムや模擬生体内の活性酸素の輸送に関して不明な点が多く残されている。本技術の確立には,放電プラズマによってどの活性種をどこにどれだけ供給すればがん治療が効果的に行われるのかを解明することが重要である。

局所的に存在するがんのみに薬剤を効率よく供給することができれば,薬剤投与量を減らすことができ副作用や身体的負荷の軽減が可能となる。このように局所的な患部に限定して薬剤を供給する技術を**ドラッグデリバリー**(drag delivery)という。このよう場合にはパルス高電圧が利用できる。皮膚に近い幹部に薬剤を供給したい場合は**電気穿孔法**(エレクトロポレーション)(図12-12参照)をドラッグデリバリーとして利用できる。エレクトロポレーションを施した部分に供給された薬剤は,即座に患部の細胞に限定的に吸収されて作用する。このような治療法はエレクトロケモセラピーと呼ばれている。ナノ秒パルス高電界を使えば細胞深部でも同様な効果が得られると報告されており,これはスーパーエレクトロポレーションと呼ばれる。

ナノ秒パルス高電界をがんに直接作用させることによって,がんを治療することも可能である。条件の異なる化学的・物理的ストレスを外部から細胞に与えると,さまざまなタンパク質の連鎖反応(シグナル伝達)が引き起こされる。この連鎖反応を利用して,適当なパルス高電界による刺激で自発的な細胞死

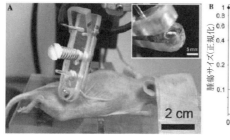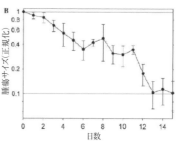

図12-16　マウスへのパルス高電界処理の様子(a)と腫瘍への影響(b)[7]

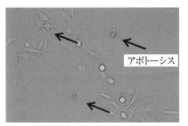

図 12-17　パルス高電界による HeLa 細胞のアポトーシス[16]

（アポトーシス，apoptosis，細胞のプログラム死）を誘導することが可能である。図 12-16(a)のように，マウスの皮膚に移植したメラノーマ（黒色悪性種）を電極で挟みナノ秒パルス高電界（40 kV/cm，300 ns，100 回）を数回作用させる。そうすると，(b)のように，日数の経過とともに徐々に腫瘍は縮小し，2 週間後には 10％の大きさにまで縮小したとの報告がある。図 12-17 はナノ秒パルス高電界処理（12.5 kV/cm，100 ns，100 回）によってアポトーシス誘導された HeLa 細胞の顕微鏡写真である。現在ではさまざまながんに有効であるとの報告があり，がんの三大療法である手術，薬剤，放射線につづく第四の治療法として期待されている。一方で，ナノ秒パルス高電界が引き起こすかもしれない副作用の有無も考えなければならない。このように，パルス電界によるがん治療には大きな期待が寄せられているが，体の奥にできたがん細胞だけにパルス電界を印加する装置と方法を確立させる必要がある。内視鏡等に電極を取り付けて体内に導入することによって患部に直接印加する方法，体外からパルス電磁エネルギーを電磁反射鏡等によって体内患部に収束させる方法などが検討されている。

12.3.2　創傷治療

12.2.3 では放電プラズマの照射により殺菌が可能であると述べたが，創傷部における殺菌作用が創傷の早期治癒にも効果があると期待される。また 12.3.1 のがん治療では放電プラズマによる細胞死を紹介したが，適度な照射をすると細胞を活性化させる効果がある。言いかえると，傷ついた細胞の再生

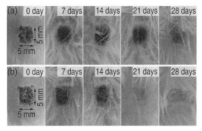

図 12-18　放電プラズマ照射による創傷治療の効果
(a) 未処理　(b) 放電プラズマ照射[8]

　　(a) 不活状態　　　　　　　(b) 活性化状態
図 12-19　パルス高電界による血小板の活性化の様子[16]

能力を向上させる効果が期待できる。図12-18にその一例を示す。放電プラズマを照射していない方は28日経過後も完全に治癒していないが，照射した方は21日後には治癒する。創傷の早期治癒が確認できる。考えられる理由の1つとして，プラズマ照射による血管新生の活性化がある。照射時間一定の条件下では周波数が高いほど治癒が早まるわけではなく，ある周波数で治癒がもっとも早まることが示されている。創傷に対して適切な放電プラズマの照射条件が存在する。

　パルス高電界は痛みの少ない創傷治療にも有効であると期待されている。パルス高電界による細胞や血小板の活性化などの複合的な作用によって治癒が促進されると考えられている。一般的に，出血を伴う傷口を血小板の活性化という生体反応によって塞ぐことを創傷治療という。通常，血小板の表面は滑らかであるが，出血した時には生体反応により活性化されることによって，長い突

起物を出した複雑な表面形状となる．この活性化された血小板が傷口に接着・凝集して止血が行われる．このように創傷治療に重要な血小板の活性化をパルス高電界の印加によって引き起こすことが可能である．パルス高電界による活性化の様子を図 12-19 に示す．血小板の活性化に重要な物質であるカルシウムが，パルス高電界によって放出されるためと考えられている．

　細胞にパルス高電界を作用させた場合，条件によっては細胞を活性化させることも可能である．HeLa 細胞を用いた実験では，ある周波数で増殖速度が極大になったとの報告がある．死滅させない程度の適当な電界を細胞に与えた時に増殖が促進される．創傷にパルス高電界を作用させた場合，皮膚組織に対して同様な細胞活性化作用を誘導することも創傷治癒に複合的に関与していると考えられる．

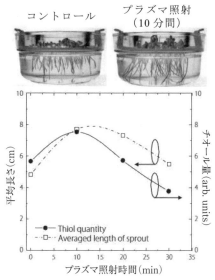

図 12-20　カイワレ大根の種子への放電プラズマ照射の影響[9]

12.4　農業・食品分野への応用

放電プラズマや電界が植物の生長に及ぼす影響については古くは 18 世紀こ

12.4 農業・食品分野への応用

ろから行われている．最近では，電気泳動による品種改良，エレクトロポレーション（図12-12参照）によるDNA注入，農薬の静電散布，植物の発芽・生長速度制御，担子菌の子実体形成促進，培地の殺菌，水への影響供給，鮮度保

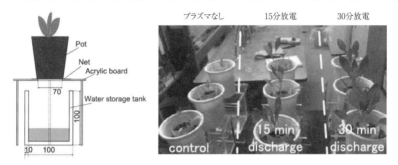

図12-21 放電プラズマ処理水がほうれん草の生長に与える影響[10]

(a) 根部へのパルス高電界印加の様子

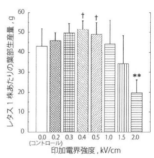

(c) パルス電界強度がレタス総重量に与える影響

(b) 20日後のリーフレタスの様子

図12-22 パルス高電界の印加がリーフレタスの生長に与える影響[11]

持などへ応用が期待されている．農薬未使用の安全な農作物の安定供給，収率向上や早期収穫が可能であると言われている．その代表的な応用例をいくつか紹介する．

12.4.1 植物の発芽・生長制御

12.3.2 で適度な放電プラズマの照射は細胞を活性化させる効果があると述べたが，それを植物の発芽・生長促進に応用できる．

図 12-20 は放電プラズマをカイワレ大根の種子に照射し，播種後 4 日経過したものである．プラズマの照射時間が 10 分の場合に草丈は約 2 倍となり生長が促進された．生体の酸化還元反応に深く関わるチオールの量とも良い相関がある．放電プラズマによって生成した活性種が細胞内生化学反応に影響を及ぼす．

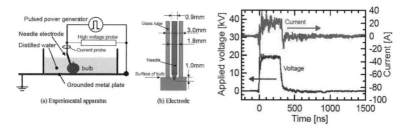

　　（a）実験装置全体図　　　　　（b）パルス高電圧・電流の波形
　　図 12-23　球根へのパルス高電圧印加用実験装置と電圧・電流波形[21]

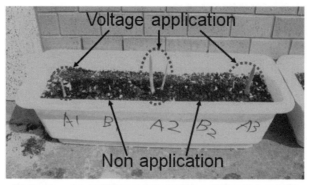

図 12-24　パルス高電圧の印加が球根の発芽に与える影響

放電プラズマを種子に間接的に作用させる手法もある。液肥や土壌などの培地に放電プラズマを照射することで,イオン（O_2^-, NO_2^-, NO_3^-）や化学的活性種（OH, O, N, O_3, H_2O_2）が発生し培地に入り込む。これらが培地への栄養供給または病原菌殺菌の役目を果たすことによって植物生長に寄与する。

図 12-21 は図 12-9 に示したような気泡内放電プラズマ処理を行った蒸留水が,ほうれん草の生長に与える影響を示す。放電時間の増加によって草丈や重量が増加する。放電プラズマによって硝酸性窒素が培地に供給され,それが栄養分となり植物の生長が促進される。

　放電プラズマを発生させないパルス高電界でも植物の生長制御が可能である。図 12-22 はリーフレタスの根部へのパルス電界の印加が生長に与える影響を示す。(a)のように根部を液体に浸漬し,パルス高電界（パルス幅 400 ns, 1 日 100 パルス）を印加する。(b),(c)にそれぞれ 20 日後のリーフレタスの様子,葉部総重量を示す。パルス電界強度 1.0 kV/cm 以下では生長促進, 1.5 kV/cm 以上では生長抑制効果がある。

　図 12-23 にパルス高電界を球根に印加する場合の実験装置例を示す。(a)のように球根は精製水中に全体が浸かっており,針電極先端を 1 mm だけ指して電圧を印加する。容器の底板は接地されている。(b)に典型的な最大値 20 kV,パルス幅 300 ns のパルス高電圧とその時電極間を流れる電流の波形を示す。同様なパルス高電圧を球根に 5 回印加すると図 12-24 のように発芽が促進される。A1～3 は電圧印加あり,B1, 2 は印加なしの場合である。このメカニズムとしては,パルス高電圧の印加によって,発芽のための栄養となるグルコースの生成を促進させることと関係があると考えられている。パルス高電圧の印加回数や印加する場所も発芽や生長に影響を与える。そのほかにも,パルス高電界を生育中の植物や土壌に直接印加したりするなど,さまざまな方法が検討されている。

12.4.2 キノコ類の収穫改善

「雷が落ちた場所にはキノコがたくさん生える」という記述が,約 2,000 年

前のギリシャ時代の文献にみられる。当時は経験則によるものであったが，パルス高電界とキノコの生育促進の関係が科学的に証明されつつある。パルス電界を菌糸に印加すると，負電位を有する菌糸内部にクーロン力や誘電分極等による力が発生する。その結果，これらの力によって動いた菌糸の一部は，木の繊維との間のせん断応力等により断裂などの損傷を受ける。その様子を図 12-25 に示す。矢印で示された部分がパルス電界の印加によって断裂した菌糸である。これが刺激となって子実体（キノコのかさ）の形成が図 12-26 のように促進される。

パルス電界の印加はシイタケの収穫量を増加させるが，電界は大きければ良いというわけではなく最適電界がある。ある例では，125 kV より 50 kV のパ

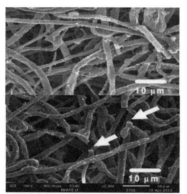

図 12-25　パルス電界の印加による菌糸断裂の様子[18]

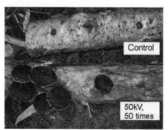

図 12-26　パルス電界の印加がシイタケの生育に及ぼす影響[19]

ルス電界印加の方が収穫量は多く，さらに 50 kV を 50 回印加した場合がもっとも収穫量（電界印加なしに比べて約 2 倍）が多いとの報告もある．また，パルス電界の印加は収穫時期を早めたりする効果もある．シイタケの他にナメコ，クリタケ，タモギダケ，マンネンタケ，はたけシメジなど，いろいろなキノコで効果がみられることもわかっている．パルス電界刺激によるきのこの増産のメカニズムとして，1) 栄養菌糸への子実体形成刺激，2) 菌糸断裂による多突起状菌糸の形成，3) ホダ木の繊維裁断や空孔の形成，4) 雑菌の不活性化など子実体抑制要因の排除などが考えられている．

12.4.3 植物からの有用成分の抽出

パルス高電圧の印加によって果汁抽出効率の改善や抽出時の成分の制御が可能である．たとえば，ブドウ表皮へのパルス高電界の印加によって，ポリフェノールの抽出効率の改善が可能である．図 12-27 のように，電極間に満たされた蒸留水中に表皮を入れ，パルス高電界を印加する．このようにして，6 段のブルームラインを用いてパルス幅約 140 ns，約 50 kV/cm，20 Hz のパルス高

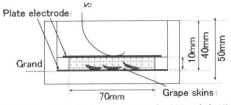

図 12-27 ブドウ表皮へのパルス高電界の印加[12]

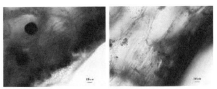

(a) 印加なし　　(b) 60kV 印加

図 12-28　パルス高電圧の印加がブドウ表皮の細胞に与える影響[19]

電界を印加すると，ポリフェノールの抽出量が約 20% 程度増加する．図 12-28 は 60 kV の電圧印加がブドウ表皮の細胞に与える影響を示す．電圧が印加されたブドウ表皮の細胞内の色素は外へ流出しているのがわかる．メカニズムとしてはエレクトロポレーション（図 12-12 参照）が主である．同様な例として，大豆へのパルス電界作用による水の浸透性向上を利用した調理時間短縮などがある．

演習問題

(1) EHD 現象を利用した流体ポンプの利点と欠点を整理し，可能性ある応用について議論せよ．

(2) 音響インピーダンスが異なる材料の界面に衝撃波が入射されると，界面に引張応力が発生するメカニズムを整理せよ．

(3) 廃コンクリートや廃家電製品の他にパルス高電圧を用いて分離・リサイクルできるものを考えよ．

(4) パルス高電界による殺菌メカニズムとそれが従来方法と比べて優れている点を説明せよ．

(5) パルス高電圧の医療，食品，農業分野において可能性ある新しい応用について議論せよ．

演習解答

(1) 利点：ポンプやコンプレッサなどが不必要なので，省スペース化，振動や騒音の削減．電圧は高いが電流は数〜数 100 μA 程度なので省エネルギー．

欠点：強いポンプ圧とその制御方法の確立．複雑な電極構造を有する可能性もありメンテナンスが困難．

(2) セメントペーストと骨材にパルス高電圧を印加すると，絶縁破壊電圧が小さいセメントペースト部分に放電が選択的に進展する。放電路に形成されるプラズマの体積膨張とともに発生する衝撃波が，セメントペーストと骨材の界面において反射・透過する際に発生する引張応力によって両者が剥離される。

(3) 例えばCDのラベルなど，性質（音響インピーダンス）の大きく異なる材料が使われているものに適している。

(4) 放電プラズマによる殺菌は，比較的寿命が短い活性種による生化学的な作用によるものである。パルス高電界による殺菌は，電界による細胞膜の物理的破壊によるものである。両者とも対象物を加熱する必要がなく，また処理による対象物の温度上昇も少ないため，処理対象物が限定されない。また有毒成分の残留が少ないなどの利点がある。

(5) 温度上昇がないという特徴などを活かすことができる応用を考えてみてください。

引用・参考文献

1) 三井和幸：工業教育資料346号，7-10., 2012.
2) 波平ら：電学論A，126巻3号，2006.
3) 中司ら：電学論A，123巻6号，2003.
4) 佐藤岳彦：静電気学会誌，37, 3, 127-131, 2013.
5) 大島孝之：静電気学会誌，35, 3, 114-119, 2011.
6) 勝木ら：静電気学会誌，33, 4, 142-147, 2009.
7) R. Nuccitelli et al.：Biochem. Biophys. Res. Comm. 343, 351. 2006.
8) T. Hirata et al：JJAP, 53, 010302, 2014.
9) S. Kitazaki：JJAP, 51, 01AE01, 2012.
10) J. Takahata：JJAP, 54, 01AG07, 2015.
11) T. Sonoda：IEEE TPS, 42, 10, 3202-3208, 2014.
12) 中川光：電学論A，133巻2号 32-37, 2013.

13) 谷野孝徳ら：“高電圧パルス電界処理による線虫 *Caenorhabditis elegans* の不活性化", 静電気学会誌, 38, 1, 46-51, 2014.
14) 吉野功ら：“銀電極を用いた高電圧パルス殺菌装置による種々の菌に対する不活性化効果", 静電気学会誌, 34, 2, 81-86, 2010.
15) 勝木淳：“3。パルスパワーによるバクテリアの殺菌", J. Plasma Fusion Res. Vol.79, No.1, 20-25, 2003.
16) 勝木淳ら：“5。パルス高電界の生体作用と先端的医療応用", J. Plasma Fusion Res. Vol.87, No.10, 710-714, 2011.
17) 勝木淳ら：“パルスパワー技術の応用", J. Plasma Fusion Res. Vol.87, No.4, 268, 2011.
18) 高木浩一：“高電圧・プラズマ技術の農業・食品分野への応用", 伝熱, Vol. 51, No. 216, 64, 2012.
19) 高木浩一：“パルスパワー・プラズマの農業・食品分野への応用", 電学論 A, 130 巻 10 号 963, 2010.
20) 林信哉ら：“パルスパワー・プラズマによる農作物の収量改善", J. Plasma Fusion Res. Vol.90, No.9, 541-546, 2014.
21) 猪原哲ら：“パルスパワーによる球根の発芽促進と休眠打破の効果", 電学論 A, 135 巻 6 号 328-333, 2015.
22) 斎藤司ら：“パルス電界を利用した大豆食品生産における加工時間短縮化の研究", 電学論 A, 129 巻 3 号, 155-156, 2009.
23) 安岡康一：“水中・水界面プラズマによる水処理研究の進展", 電学論 A, 129 巻 1 号, 15-22, 2009.
24) 小野亮：“プラズマ医療の研究動向", 静電気学会誌, 38, 4, 156-164, 2014.

著者略歴

高木　浩一（たかき　こういち）（1章，2章，3章，6章）
　1986 年　熊本大学工学部電気情報工学科卒業
　1988 年　熊本大学大学院工学研究科博士前期課程修了（電気工学専攻）
　1989 年　熊本大学大学院自然科学研究科博士後期課程退学（生産科学専攻）
　1989 年　大分工業高等専門学校勤務
　1995 年　博士（工学）（熊本大学）
　1996 年　岩手大学助手（電気電子工学科）
　2011 年　岩手大学教授（理工学部システム創成工学科）
　　　　　現在に至る

猪原　哲（いはら　さとし）（10章，11章）
　1989 年　大分工業高等専門学校電気工学科卒業
　1991 年　徳島大学工学部電気工学科卒業
　1993 年　熊本大学大学院工学研究科博士前期課程修了（電気情報工学専攻）
　1993 年　熊本大学大学院自然科学研究科博士後期課程退学（生産科学専攻）
　1993 年　佐賀大学助手（電気電子工学科）
　1998 年　博士（工学）（佐賀大学）
　2007 年　佐賀大学准教授（電気電子工学専攻）
　　　　　現在に至る

上野　崇寿（うえの　たかひさ）（7章，9章）
　2003 年　大分工業高等専門学校電気工学科卒業
　2005 年　熊本大学電気システム工学科卒業
　2007 年　熊本大学大学院自然科学研究科電気システム専攻修了
　2008 年　大分工業高等専門学校勤務
　2009 年　熊本大学大学院自然科学研究科博士後期課程卒業（複合新領域科学専攻）
　　　　　博士（工学）
　2013 年　大分工業高等専門学校講師（電気電子工学科）
　　　　　現在に至る

金澤　誠司（かなざわ　せいじ）（4章，5章）
　1985年　熊本大学工学部電子工学科卒業
　1987年　熊本大学大学院工学研究科電子工学専攻修士課程修了
　1990年　熊本大学大学院自然科学研究科生産科学専攻博士課程修了　学術博士
　1990年　大分大学工学部助手（電気工学科）
　2013年　大分大学教授（理工学部創生工学科電気電子コース）
　　　　　現在に至る

川崎　敏之（かわさき　としゆき）（12章）
　1997年　大分大学工学部電気電子工学科卒業
　1999年　大分大学大学院工学研究科電気電子工学専攻博士前期課程修了
　2002年　大分大学大学院工学研究科環境工学専攻博士後期課程修了　博士（工学）
　2002年　日本文理大学工学部講師（電気・電子工学科）
　2005年　日本文理大学工学部准教授（機械電気工学科）
　2016年　日本文理大学工学部教授（機械電気工学科）
　2018年　西日本工業大学工学部教授（総合システム工学科）
　　　　　現在に至る

高橋　克幸（たかはし　かつゆき）（8章）
　2005年　仙台電波工業高等専門学校電子制御工学科卒業
　2007年　仙台電波工業高等専門学校専攻科　修了（電子システム工学専攻）
　2009年　岩手大学大学院工学研究科博士前期課程修了（電気電子工学専攻）
　2009年　シシド静電気株式会社　入社
　2011年　手大学大学院工学研究科博士後期課程修了（電気電子工学専攻）博士(工学)
　2015年　岩手大学助教（理工学部システム創成工学科）
　　　　　現在に至る

索 引

【英数字】

3点トリガスパークギャップスイッチ（triggered spark gap switch）------------------------ 203
50％フラッシオーバ電圧（50% flashover voltage）---------------- 228
CCD（charge coupled device）- 117
CVD法（chemical vapor deposition；化学蒸着法）---------------- 145
GTOサイリスタ（gate turn-off thyristor：GTO thyristor）----- 202
ICCD（intensified charge coupled device）カメラ--------------------- 113
IGBT（insulated gate bipolar transistor）---------------------------- 202
LC反転回路---------------------- 201
MOS-FET（metal-oxide-semiconductor field-effect transistor）-- 202
POS（plasma opening switch） 205
p-p反応（陽子-陽子連鎖反応；proton-proton chain reaction）- 151
PVD法（physical vapor deposition；物理蒸着法）---------------- 148
RLC直列回路---------------------- 166
α作用（α-action）--------------- 60, 91
γ効果（γ-effect）-------------------- 57
γ作用（γ-action）-------------- 62, 91

【あ】

アーク放電（arc discharge） 70, 93
アインシュタインの関係式（Einstein's relation）--------------------- 46
アッシング（ashing；灰化）---- 141
アボガドロ数（Avogadro's number）-------------------------------- 21
位相速度（phase velocity）- 14, 213
遺伝子導入（gene transfer）---- 253
移動度（mobility）--------------- 6, 41
異方性エッチング（anisotropic etching）--------------------------- 144
インパルス熱破壊（impulse thermal break down）------------------ 178
インピーダンス整合（impedance matching）------------------------ 219
運動エネルギー（kinetic energy）------------------------------ 29, 131, 192
運動方程式（equations of motion；運動量保存則）--------------------- 83
液中放電（discharge in liquid） 103
エッチング（etching）----------- 141
エネルギー準位（energy level）- 32

エネルギー損失係数（energy loss function） ----------------------------- 30
エルブス（elve） ------------------ 104
エレクトロポレーション（electroporation） ------------------------- 253
沿面フラッシオーバ（flashover） -------------------------------------- 182
沿面放電（surface discharge） ----------------------------------- 99, 182
オームの法則（Ohm's law） ------- 11
オーロラ（aurora） ---------------- 104
オゾナイザ（ozonizer） --------- 136
オゾン（ozone） ------------------ 136
帯スペクトル（band spectrum） 39
音響インピーダンス（acoustic impedance） -------------------------- 246

【か】
開閉インパルス電圧（switching impulse voltage） --------------------- 168
開閉サージ（switching surges） -------------------------------------- 168
解離（dissociation） ---------------- 40
解離再結合（dissociative recombination） --------------------------- 47
ガウスの法則（Gauss's law） ------ 7
化学エネルギー（chemical energy） ------------------------------- 131, 192

拡散（diffusion） -------------------- 43
拡散係数（diffusion coefficient） 44
核外電子（extranuclear electron） -------------------------------------- 31
核融合（nuclear fusion） ------------ 2
核融合反応（nuclear fusion） --- 151
過制動（overdamping） --------- 168
活性種（active species） --------- 251
雷インパルス電圧（lightning impulse voltage） --------------------- 168
雷サージ（lightning surge） ---- 168
完全電離プラズマ（fully ionized plasma） -------------------------------- 77
気体定数（gas constant） --------- 21
気体の状態方程式（ideal gas law） -------------------------------------- 21
基底状態（ground state） --------- 32
キャビティリングダウン吸収分光法（cavity ringdown absorption spectroscopy；CRDS） ---------------- 125
局所熱平衡（local thermodynamic equilibrium；LTE） --------- 84, 118
巨大ジェット（gigantic jet） ---- 104
キルヒホッフの電圧則（KVL；Kirchhoff's voltage law） --------------- 11
キルヒホッフの電流則（KCL；Kirchhoff's current law） --------------- 11
空間電荷（space charge） --------- 67

グローコロナ（glow corona）----96
グロー放電（glow discharge）
-------------------------------------- 70, 91
形成遅れ（formative time lag）--73
結合エネルギー（binding energy）
-------------------------------------- 151
原子（atom）----------------------31
原子核（atomic nucleus）----------31
原子番号（atomic number）-----31
減衰振動（damped oscillation）168
光子（photon）---------------------56
高周波放電（rf discharge）--------93
高電圧電源（high-voltage power supply）------------------------------- 3
高電圧パルスパワー（high-voltage pulsed power）------------------------ 3
光電子（photo electron）---------56
光電子増倍管（photomultiplier，通称：ホトマル）--------------------- 116
光電子放出（photoelectric emission）-------------------------------56
コッククロフト－ウォルトン回路（Cockcroft-Walton circuit）----- 163
コロナ放電（corona discharge）
-------------------------------------- 69, 96
コモンモードノイズ（common mode noise）------------------------ 235
コロナモデル（corona model）-119

【さ】

サイクロトロン周波数（cyclotron frequency）-------------------------80
再結合（recombination）---------46
細胞質（cytoplasm）------------- 253
細胞膜（cell membrane）-------- 252
細胞融合（cell fusion）---------- 254
サイリスタ（thyristor）--------- 202
殺菌（sterilization）-------------- 251
サハの電離式（Saha ionization equation）---------------------------37
酸化電位（oxidation potential）249
三重点（トリプルジャンクション；triple junction）-------------------- 181
三体再結合（three-body recombination）-----------------------------47
シース（sheath）-------------------79
磁界（magnetic field）-------------10
磁気エネルギー（magnetic energy）----------------------------------10
磁気短絡スイッチ------------------- 203
磁気閉じ込め方式（magnetic confinement fusion）------------------- 152
磁気パルス圧縮（magnetic pulse compression）------------------- 221
磁気量子数（magnetic quantum number）---------------------------33
仕事関数（work function）--------55

磁束密度（magnetics flux density）
-- 10
実効電離係数（effective ionization coefficient）-------------------------- 61
質量欠損（mass defect）--------- 151
自爆形スパークギャップスイッチ（self-triggered spark gap switch）
--------------------------------------- 203
弱電離プラズマ（weakly ionized plasma）----------------------------- 77
シャドウグラフ（shadowgraph）法 -------------------------------------- 115
遮へい（shielding）-------------- 234
自由電子（free electron）----- 32, 55
シュタルク効果（Stark effect）117
シュリーレン（Schlieren）法 -- 115
主量子数（principal quantum number）---------------------------------- 32
準安定準位（metastable level）-- 35
準安定状態（metastable state）-- 35
衝撃波（shock wave）----------- 246
昇降法（up and down method）228
衝突周波数（collision frequency）
--- 28
衝突断面積（collision cross-section）-------------------------------- 27
衝突電離（impact ionization）
------------------------------- 36, 53

初期電子（initial electron）-------- 53
ショットキー効果（Schottkey effect）-------------------------------- 57
水中放電（underwater discharge, discharge in water）-------------- 103
スイッチ（switch）------------------ 3
ステップドリーダ（階段状先駆放電；stepped leader）--------- 72, 104
ストリーマコロナ（streamer corona）------------------------------------- 96
ストリーマ理論（streamer theory）
--- 67
ストリップ線路（strip line）---- 215
スパッタ堆積法（sputter deposition）-------------------------------- 148
スピン量子数（spin quantum number）---------------------------------- 33
スプライト（sprite）-------------- 104
正コロナ（positive corona）------ 97
静電エネルギー（electrostatic energy）------------------------------------ 9
静電電圧計（electrostatic voltmeter）------------------------------- 229
絶縁（insulation）----------------- 234
絶縁耐力試験（dielectric strength test）-------------------------------- 168
絶縁トランス（insulation transformer）--------------------------------- 235

絶縁破壊（breakdown）------ 6, 53
線スペクトル（line spectrum）--39
全波整流回路（full-wave rectification circuit）----------------------- 160
全路破壊（complete breakdown）
--98

【た】
ダートリーダ（矢形先駆放電；dart leader）----------------------- 72, 104
大気圧プラズマジェット（atmospheric pressure plasma jet；APPJ）
--------------------------------------- 101
タウンゼントの火花条件（sparking criterion）---------------------------63
タウンゼント放電（Townsend discharge）-----------------------------91
脱励起（deexcitation）------------34
単極発電機（homopolar generator）
--------------------------------------- 195
ダングリングボンド（dangling bond；未結合手）---------------- 147
端効果（エッジ効果；edge effect）
--------------------------------------- 182
弾性衝突（elastic collision）-------29
単探針法（single probe method）
--------------------------------------- 121
短絡スイッチ（closing switch）--- 3

直流グロー放電（dc glow discharge）-----------------------------91
直列共振法（series resonance） 166
チンメルマン-ウィトカ回路（Zimmerman-Witka circuit）--------- 162
低温プラズマ（cold plasma）-----84
抵抗分圧器（resistive divider） 230
定常熱破壊（steady state thermal breakdown）----------------------- 178
テーパー線路（tapered line）--- 220
デバイ遮へい（Debye shielding）
--78
デバイ長（Debye length）--------78
デロン-グライナッヘル回路（Delon Greinacher circuit）---------- 162
電位（electric potential）---------- 7
電界電子放出（field emission）---56
電荷交換再結合（recombination by charge exchange）------------------47
電気エネルギー（electric energy）
------------------------------------ 132, 192
電気集じん機（electrostatic precipitator；ESP）------------------- 132
電気穿孔法（エレクトロポレーション）--------------------------------- 257
電気的負性気体（electronegative gas）----------------------------------48
電気流体力学現象（electro hydro

dynamics；EHD 現象） ---------- 244
電磁エネルギー（electromagnetic energy） ------------------------------ 1
電子親和力（electron affinity） --48
電子脱離（electron detachment） --55
電子なだれ（electron avalanche） --67
電子なだれ破壊（Avalanche breakdown） ------------------------------ 177
電子付着係数（electron attachment coefficient） ------------------------60
電子付着作用（electron attachment） ------------------------------------48
電子付着速度定数（electron attachment rate constant） --------------48
電子プラズマ振動数（electron plasma frequency） -------------------79
伝送線路（transmission line） ----13
電束密度（electric flux density） -8
伝搬速度（propagation velocity） ------------------------------------ 213
電離（ionization） ---------------- 6, 34
電離エネルギー（ionization energy） ------------------------------------32
電離電圧（ionization potential） -32
電離度（ionization degree） --37, 77
電力（electric power） ------------- 2

電力ヒューズ（fuse） ------------ 205
ドイッチェの式（Deutsch-Anderson equation） --------------------- 136
透過係数（transmission coefficient） -- 213
統計遅れ（statistical time lag） --73
同軸線路（coaxial line） ---------- 215
透磁率（magnetics flux density） --10
特性インピーダンス（characteristic impedance） --------------------- 213
ドップラー効果（Doppler effect） -- 117
トラッキング（tracking） ------- 183
ドラッグデリバリー（drag delivery） ------------------------------ 257
トリー（Tree，樹枝） ----------- 180
トリーイング（treeing） --------- 180
トリチェルパルスコロナ（Trichel pulse corona） -------------------------97
ドリフト（drift） --------------------41
ドリフト速度（drift velocity） ---- 6
トンネル効果（tunnel effect） ----56

【な】

内部エネルギー（internal energy） --29
二次電子（secondary electron） -53

二次電子放出係数（secondary electron emission coefficient） -------- 62
二次電子放出（secondary electron emission） -------------------------- 57
入射波（incident wave） -------- 213
熱陰極（hot cathode） ------------- 56
熱エネルギー（thermal energy）
---------------------------------- 23, 132
熱核融合（thermonuclear fusion）
---------------------------------- 153
熱CVD（thermal chemical vapor deposition） ------------------------- 40
熱電子放出（thermionic emission）
---------------------------------- 56
熱電離（thermal ionization） 36, 71
熱プラズマ（thermal plasma） --- 85
熱平衡（thermal equilibrium） --- 36
熱平衡プラズマ（thermal equilibrium plasma） ------------------------ 84
ノイズカットトランス（noise-cut transformer） ---------------------- 236
ノーマルモードノイズ（normal mode noise） ------------------------ 235

【は】
ヴァンデグラフ起電機（Van de Graaff generator） ---------------- 163
パックドベッド放電（packed-bed discharge） ------------------------ 100
発光分光法（optical emission spectroscopy, OES） ------------------- 116
パッシェンの法則（Paschen's law）
---------------------------------- 64
波頭（wave front） --------------- 168
波動（電信）方程式（wave equation；telegraphic equation） ------ 14
波動インピーダンス（wave impedance） ------------------------------ 213
波動方程式（wave equation） -- 212
波尾（wave tail） ----------------- 168
バリア放電（barrier discharge） 98
パルストランス（pulse transformer） ---------------------------------- 219
パルスパワー（pulsed power） ---- 2
パルスパワー発生システム（pulsed power system） --------------------- 191
パルス形成回路（pulse forming network；PFN） ------------------- 210
パルス高電界（pulsed high electric field） ------------------------------ 243
パルス伝送線路（pulse transmission line） --------------------------- 218
反射係数（reflection coefficient）
---------------------------------- 213
反射波（reflected wave） -------- 213
半導体オープニングスイッチ

(Semiconductor Opening Switch : SOS) ------------------------------ 204
反応速度（reaction rate）---------29
反応速度定数（rate constant）---29
半波整流回路（half‐wave rectification circuit）-------------------- 160
光エネルギー（light energy）--131
光電離（photo ionization）---36, 67
比集じん面積（specific collection area；SCA）---------------------- 136
非弾性衝突（inelastic collision）-29
ピックアップコイル（pickup coil）
-- 233
非熱平衡プラズマ（non-thermal equilibrium plasma）----------71, 84
火花遅れ（time lag）----------------73
火花電圧（sparkover voltage）--64
比誘電率（relative dielectric constant）---------------------------------8
標準開閉インパルス（standard switching impulse）--------------- 169
標準雷インパルス（standard lightning impulse）-------------------- 168
標準球ギャップ（standard sphere-gap）----------------------227
表面処理（surface treatment）-148
ビラード回路（Villard circuit） 161
品質係数（quality factor）-------176

ファウラー-ノルドハイムの式（Fowler-Nordheim formula）----58
フェルミ準位（Fermi level）-----55
不確定性原理（uncertainty principle）-------------------------------- 117
負コロナ（negative corona）-----97
物質の第4状態（the fourth state of matter）-------------------------------91
部分放電（partial discharge）----96
プラズマ（plasma）---------6, 75, 91
プラズマCVD（plasma enhanced chemical vapor deposition）-------41
プラズマアクチュエータ（plasma actuator）--------------------------- 100
プラズマディスプレイパネル（plasma display panel；PDP）-100
プラズマブレット（plasma bullet）
-- 101
プラズマ振動（plasma oscillation）
--79
プラズマ診断（plasma diagnostic）
-- 111
フラッシオーバ（flashover）-----98
フランク・コンドンの原理（Franck–Condon principle）------40
ブルームライン線路（Blumelein line）-------------------------------- 217
プローブ法（探針）（probe

method) ---------------------------- 121
分子（molecule）--------------------- 31
分布定数回路（distributed constant circuit） ---------------------------- 211
分流器（current shunt）--------- 233
平均自由行程（mean free path） 28
米国標準技術研究所（national institute of standards and technology；NIST） ---------------------------- 121
ペニング効果（Penning effect） -37
変圧器（transformer）----------- 165
変流器（current transformer） 231
ポアソンの式（Poisson's equation）---------------------------- 7
ポインティングベクトル（poynting vector）------------------------------ 11
方位量子数（azimuthal quantum number）-------------------------- 33
放射再結合（radiative recombination）----------------------------- 47
放電（discharge）-------------------- 6
放電開始電圧（breakdown voltage）---------------------------- 64
ボーア半径（Bohr radius）-------- 32
ボルツマン定数（Boltzmann constant）---------------------------- 22
ボルツマン分布（Boltzmann distribution）---------------------- 24, 118

【ま】

マイクロ波放電（microwave discharge）---------------------------- 93
マクスウェルの速度分布（Maxwellian velocity distribution）--------- 25
マクスウェルの方程式（Maxwell's equation）-------------------------- 10
マクスウェル応力（Maxwell stress）---------------------------- 253
マグネトロン（magnetron）放電 95
脈動電圧（ripple voltage）------ 159
脈動率（ripple factor）----------- 159
無声放電（silent discharge）----- 98

【や】

薬物投入（drag delivery）------- 254
誘導性エネルギー（inductive energy）---------------------------- 192
誘導性エネルギー貯蔵（inductive energy storage）----------------- 194
誘電正接（dissipation factor）-- 176
誘電損角（loss angle）----------- 176
誘電体損（dielectric loss）------- 176
誘電分極（dielectric polarization）---------------------------- 173
誘電率（permittivity）------------- 7
誘導結合型プラズマ（inductively coupled plasma；ICP）---------- 93

陽子（proton）------31
容量移行回路------199
容量結合型プラズマ（capacitively coupled plasma；CCP）------93
容量性エネルギー（capacitive energy）------192
容量性エネルギー蓄積（capacitive energy storage）------193
容量分圧器（capacitive divider）------230

【ら】
ラーモア半径（Larmor radius）-81
ラプラスの式（Laplace's equation）------7
ラムザウア効果（Ramsauer effect）------35
ラングミュアプローブ法（Langmuir probe method）------121
リーダ放電（leader discharge）-71
リサイクル（recycle）------246
リソグラフィ（lithography；写真蝕刻）------141
リターンストローク（帰還雷撃；return stroke）------72, 104
リチャードソン-ダッシュマンの式（Richardson-Dushman formula）------57

粒子フラックス（flux）------44
臨界制動（critical damping）---168
リン脂質（phospholipid）------253
励起（excitation）------34
励起エネルギー（excitation energy）------32
励起状態（excited state）------32
励起電圧（excitation potential）32
レーザーブレークダウン分光法（laser-induced breakdown spectroscopy；LIBS）------121
レーザー吸収分光法（laser absorption spectroscopy；LAS）------124
レーザー誘起蛍光法（laser-induced fluorescence；LIF）------126
連続の式（continuity equation）------45, 83
ローソン条件（Lawson criterion）------154
ロゴスキーコイル（Rogowski coil）------232
ろ波（filtering）------234

実践的技術者のための電気電子系教科書シリーズ
高電圧パルスパワー工学

2018年3月10日　初版第1刷発行

検印省略

著　者
　一司　哲寿之幸
　浩誠　崇　敏克
　木澤原野崎橋山
　高金猪上川高柴

発行者

発行所　**理工図書株式会社**

〒102-0082　東京都千代田区一番町27-2
電話03（3230）0221（代表）
FAX03（3262）8247
振替口座　00180-3-36087番
http://www.rikohtosho.co.jp

Ⓒ高木　浩一　2018　　Printed in Japan　ISBN978-4-8446-0871-4
印刷・製本　ムレコミュニケーションズ

〈日本複製権センター委託出版物〉
＊本書を無断で複写複製（コピー）することは、著作憲法上の例外を除き、禁じられています。本書をコピーされる場合は、事前に日本複製権センター（電話：03-3401-2382）の許諾を受けてください。
＊本書のコピー、スキャン、デジタル化等の無断複製は著作憲法上の例外を除き禁じられています。本書を代行業者等の第三者に依頼してスキャンやデジタル化することは、たとえ個人や家庭内の利用でも著作権法違反です。

★自然科学書協会会員★工学書協会会員★土木・建築書協会会員